发掘生命的吉光片羽

《慧灯·问道》编辑部 编

海南出版社
·海口·

图书在版编目（CIP）数据

发掘生命的吉光片羽：慧灯·问道．第一季 /《慧灯·问道》编辑部编．-- 海口：海南出版社，2018.4（2022.2 重印）

ISBN 978-7-5443-7895-6

Ⅰ．①发… Ⅱ．①慧… Ⅲ．①人生哲学－通俗读物 Ⅳ．① B821-49

中国版本图书馆 CIP 数据核字 (2018) 第 003013 号

发掘生命的吉光片羽：慧灯·问道．第一季

作　　者：《慧灯·问道》编辑部
责任编辑：孙　芳
执行编辑：张　雪
责任印制：杨　程
印刷装订：北京兰星球彩色印刷有限公司
读者服务：蔡爱霞　郄亚楠
出版发行：海南出版社
总社地址：海口市金盘开发区建设三横路 2 号　邮编：570216
北京地址：北京市朝阳区黄厂路 3 号院 7 号楼 101
电　　话：0898-66830929　010-64828814-602
投稿邮箱：hnbook@263.net
经　　销：全国新华书店经销
出版日期：2018 年 4 月第 1 版　2022 年 2 月第 3 次印刷
开　　本：880mm×1230mm　1/32
印　　张：8.75
字　　数：185 千
书　　号：ISBN 978-7-5443-7895-6
定　　价：42.00 元

目录

CONTENTS

你一定要懂的取舍智慧

带着智慧行走

给生命一个机会

序言 PREFACE

这是一套能为您解决实际问题的书。

在这个人心浮动的年代，越来越多的人开始回归自心、返璞寻真；古老而深邃的智慧，也吸引了许多年轻人纷至沓来，想要一探究竟。

然而，这场向内探索自我的旅程并非坦途，面对浩如烟海的信息、各色各样的方法以及种种不同观点时，许多人感到茫然和不知所措：

“压力之下，怎样才能顺其自然地活着？”

“如何与不喜欢的人相处？如何与这个世界相处？”

“面对种种烦恼，需要怎么做才能让内心平静下来？”

“怎样才能放下对未来的焦虑和担忧，找到真正的安全感？”

“天堂和地狱到底在什么地方？”

“生命的真相究竟是什么？”

……

疑问是觉醒的开始,《慧灯·问道》系列节目因此而诞生。它围绕着我们日常的生活、工作及社会热点等展开,在“问”中追寻“道”,在“道”中化解种种烦恼。在这里,没有生涩的道理,没有禁忌的话题,只有酣畅的对谈、精彩的应答和心开意解的喜悦;在这里,事无巨细、不论深浅,只要它困扰着你,都有其解决之道。

我们的特邀嘉宾、当代著名心灵导师——慈诚罗珠堪布,不仅是一位德高望重、备受敬仰的善知识,同时也是一位涉猎广泛,通晓西方科学、哲学、心理学等领域的饱学之士。堪布尤其擅于引用科学例证,以现代人熟悉的语言来诠释经典,深入浅出的方式深受普罗大众的欢迎。在第一季的节目里,他耐心地为观众们解答了逾百个问题,现场气氛欢快而热烈。其真诚、坦率而又圆融无碍的回答,让我们领略了一代大师的风采,同时也对世界有了新的了解和认识。如其所言:“只有勇敢面对疑惑,才能避免盲从。”因为,“人活着最有意义的事,就是要选择一条通向光明的道路。”

是的,在短暂的人生中,还有什么比彻底地认识自我、提升心灵更令人满足的呢?

这一季主要辑录大家通常都会遇到的典型问题。无论您是初学小白还是资深老参,或者仅仅是好奇地看看,都可以从中得到一些意想不到的收获。言不在多,善疏则通。智者的寥寥数语,有时候就能让人豁然开朗、柳暗花明。也许,《慧灯·问道》就是一把小巧的钥匙，在不经意间，为您打开了智慧的方便之门。

需要说明的是，本书由《慧灯·问道》录音稿整理而成，由于节目即兴发挥的特点，难免会有不尽完美的地方，希望各位读者能够理解和体谅。在此也特别感谢所有参与其中的义工人员，无论台前幕后，每个人都在自己岗位上付出了大量的心血和努力；尤其感恩堪布仁波切于繁忙的日程中抽出宝贵时间，千里迢迢亲赴现场，不辞辛劳地为大众答疑解惑；在种种善缘聚合之下，一场场精彩的对话终于呈现在大家面前!

云散则日出，沙尽则水清。通往真理的路上，仍然会有许多的未知和疑惑在等待着我们，但若明灯在手，又何惧夜长?愿这套系列丛书能为您拨开心中的迷雾，迎向更加光明的未来!

《慧灯·问道》编辑部

2017年10月20日

第壹章

生活篇

你一定要懂的取舍智慧

这样与世界相处

——《慧灯·问道》“生活篇”第 1 期

H[1] 各位观众朋友们，大家好！欢迎大家收看这一期的《慧灯·问道》节目。这些年我们不时会听到这样的消息：某高校高才生放弃了留学而选择了出家；一些歌星和影星也皈依了佛门，甚至开始出家修行；像《大唐玄奘》《大话西游》和《三打白骨精》这样与佛教有关的影视剧作品，也陆续被搬上了荧幕；聚会时，会得知一些朋友和亲人低调吃了全素，身边信佛和学佛的人越来越多了。而今天在座的观众朋友们，也大多是刚刚对佛法产生了兴趣，带着各种各样的问题来到了我们的现场。

那么，佛教到底有什么样的魅力，能够让这么多人喜欢它？学佛有什么意义，又能给我们的生活带来什么好处？今天这期节

1 编者注：因本书根据《慧灯·问道》节目编纂整理而成，收录慈诚罗珠堪布、主持人和观众等人的谈话内容。为避免重复，此处只标示缩写。其中，H(host/hostess)代表主持人，A（answer）代表堪布，Q（question）代表提问者，即观众。

目的主题就是“佛法与生活”。有请五明佛学院的慈诚罗珠堪布。

现场的大多数观众朋友因为刚刚对佛法产生了兴趣，会有各种各样的问题。大家首先特别想知道，堪布您当年学佛和出家的原因是什么，而且也想请您给大家讲一讲学佛到底学什么，学了会对我们的生活有哪些好处？

A 1984年，我去五明佛学院开始真正的学佛。在这之前，我很小的时候就对佛教有信心，那时就想：如果有一天有机会，我要去出家学佛。这个想法可能一方面是受到了父母的影响；另外一方面，我个人认为也有一些以前的影响在。

在那个年代，那么小的年纪就学佛，我身边这样的人不是太多。尽管父母信佛，但当时也没有什么佛教活动，包括家里都不会有。所以，在我小时候的生活中，佛法没有什么内容给我留下过深刻的印象。那么，我能够想去学佛，有些方面是来自以前的一些影响，还有些方面是来自于家庭父母的影响。在这样的情况下，我去五明佛学院依止了法王如意宝，然后就开始了正式学佛。在此之前，我只知道佛教好，要去学，是抱着一个这样的想法，但是还不知道佛教的真正意义。到学院以后我就很认真地去学习了，一直到现在。

在这三十多年的学习中，我个人的第一个体会就是，佛教最重要的内容是如何树立正确的人生观、世界观和价值观。尤其人生观和世界观，是佛教的核心见解和观点。

我遇到过很多外国科学家、哲学家和学其他宗教的朋友，通过和他们交流，我觉得我的选择是没错的。我所学到的佛教智慧，无论放在科学的领域还是哲学的领域，在什么样的领域当中，我觉得都是站得住脚的。

此外，我在学佛的过程中，不仅学到了佛教的观点，还学到了相关的方法。佛教不像很多人想象的那么死板，一些很具体的方法，如果放在出家人的生活当中，那就是出家人真正的修行方法；如果放在现代都市人的生活当中，也可以解决很多人心灵的问题。所以我觉得这条路没有走错。

虽然我在学佛的道路上，谈不上有很大的成就，但这些都是我学佛后的体会。今天有机会和大家分享这方面的一些知识，我也感到非常高兴。我想，现在的社会从物质的角度来讲已经非常丰富了，但精神方面还没有得到满足。这样就不能给我们带来满足感、安全感和幸福感，所以很多人非常迷茫。因为在物质生活领域，我们需要什么都很明白。肚子饿，我们知道要吃饭，但在精神方面到底需要什么呢？大家都不是很了解，总觉得缺了什么东西，但到底欠缺了什么，却不是很清楚。

我们本以为，物质财富可以解决一切问题，这是我们跟物质有一定距离的时候会有的想法，但是当我们跟物质财富零距离接触，充分了解物质本身可以给我们带来什么、不可以带来什么的时候，我们过去的想法就会有很大的转变。过去认为物质财富可以解决一切问题，但现在有了物质财富后，问题还是没有解决。剩下的没解决的问题是什么，该怎样来解决，这些方面我们都不是很清楚。

虽然心理学家进行了研究，想用很多简单的方法来解决我们内心的问题，比如很多时候靠吃药这种物质的方式来解决，不过最终还是一条失败的路，是一条走不通的路。其实佛教里的一些东西可以用到他们的生活当中，比如一些佛教的观点、理念，不全盘接受也没关系，但有些方法用到生活当中，却可以解决很多问题。像美国的学校和医疗机构都广泛地在进行禅修，他们所进行的禅修一部分来自于南传佛教——缅甸和泰国的内观禅，另一部分来自于藏传佛教，藏传佛教里的禅修主要是慈悲禅，还有自他交换之类的禅修。进行这些禅修的人不一定是学佛的，但是很多的科学实验发现：禅修，尤其是慈悲禅和内观禅，可以解决人们的很多心理问题。从佛教的角度来讲，只要能够帮助到人，那肯定是再好不过。所以，我认为佛教对我们现代人来说，不管是东方人还是西方人，也无论是什么样生活方式的人，都有一定的帮助。

H 那学佛主要学习哪些方面的知识呢？

A 佛教的内容很多，但是整个大乘佛教的内容可以归纳为两个字——“智悲”。“智”就是智慧，“悲”就是慈悲心。为什么是智和悲？首先，大乘佛教认为，在六道轮回中，人间或者天人虽然有幸福快乐，但这些幸福和快乐都是短暂的、相对的，无论我们在这个轮回当中走得多远、多高，最后还是要回来。所以我们要想办法超越和突破。那么用什么方式来突破？并不是用烧香拜佛或修庙捐钱的方式来突破，超越和突破唯有依靠智慧。

我们为什么突破不了轮回？是什么样的力量让我们无法超越轮回呢？佛教认为没有造物主、万能神，一切都是大自然的规律，在规律中运转，所以佛教是无神论者。用佛教的话来讲，人在轮回中的主要原因是我们自己的无明，也就是无知。我们的无知和愚昧让我们不了解世界的真相，也不了解我们自己人生的真相，这样就导致了一系列的轮回。如果要从源头上解决轮回，就要把无明、无知断除掉。这不是用烧香拜佛、修庙捐款的方法就能断掉的，唯一需要的是超凡的智慧。佛教认为，需要一个能超越轮回的超凡智慧，才能够让我们从轮回当中走出去。

当我们从轮回当中走出去后，就是《华严经》里面非常著名的两句话，第一句的含义是我们要超越轮回；第二句的含义是我们不脱离轮回。

这就是大乘佛教的原则。我们要超越轮回，超越以后又不脱离轮回。“不脱离”是指超越后，虽然没有烦恼、没有生老病死的痛苦，但这就解决所有问题了吗？根本不是，这只是一个开头。后面的是什么？后面是要把自己超越轮回的方法告诉更多的人，并不是我自己超越以后就到西方极乐世界等地方待着去了，而是还要回到这个世界、回到这个轮回当中，让更多的人超越，这就是不脱离。只有有了慈悲心才可以做到不脱离。所以大乘佛教认为，只要有智慧和慈悲心，就能够超越轮回，同时也可以不脱离轮回，这就够了。所以我们可以把大乘佛教的所有内容归纳为这两个。

学佛也是这样。我们首先是信佛，相信佛菩萨可以保佑我们，或者相信我烧香拜佛是有功德的，在这背后就有供佛和求佛，但这些都还不是学佛。真正的学佛是什么？学佛就是向释迦牟尼佛学习。那么向释迦牟尼佛学习什么呢？向释迦牟尼佛学习两个东西：一个是智慧，另一个就是慈悲。我们先向释迦牟尼佛学习智慧，然后向释迦牟尼佛学习慈悲，这才是真正的学佛。

H **非常感谢慈诚罗珠堪布给我们的讲解，相信一定能解决很多人对于佛教的疑问。刚才您提到了智慧和慈悲，今天我们现场有很多观众朋友，大家都是带着问题来的，而且是迫不及待地要跟您交流。所以我现在能做的智慧和慈悲的事，就是交出话筒、交出话语权，让大家跟您一对一地交流，希望通过跟您的对话，大家也可以获得智慧、获得慈悲、获得喜悦。哪位观众朋友先发言？**

1

Q　堪布您好。我的问题是：佛法一直在劝我们放下，不要去执着。可是我觉得学佛本身也是一种执着呀，包括吃斋、念佛，这点我理解不了。

A 很多人都有这样的问题。佛教的确让我们放下很多执着，但对这些执着的放下需要一个过程，并不是说当下就必须放下所有的执着，这根本不可能。你说得对，我们现在暂时先去吃斋受戒，然后诵经学习等，这些全部都是执着。但通过这些执着，逐渐可以达到没有执着的地步，最终会将包括吃斋受戒、诵经学习在内的所有执着都放下。但这是到了机缘成熟时才放下，或者是你的境界到达一定程度时才可以放下。好比我们坐船渡河，船到河中间时是不能放弃的，只有等你到了彼岸才可以不要这个船。包括我刚才讲的菩提心在内，如果没有了这些各种各样的执着，我们学佛就没有动力了。

学禅宗的平时讲放下比较多，学净土的平时就是很虔诚地念佛。有些人就不理解，到底是要放下，还是要虔诚地念佛？如果要放下，那念佛也是执着，我要去西方极乐世界也是一种执着；如果我不执着的话，那就没办法很虔诚地念佛，没办法祈请阿弥陀佛来迎接我。那到底应该怎么做？虚云老和尚在著作里讲过，净土和禅宗是可以圆融的，叫作禅净双修，即禅和净两个都可以修。意思是我们通过禅来证悟，逐步达到放下的目标，但在还没有这么高的境界时，我们可以通过吃斋念佛等方法来提升自己的境界。所以，这两个是相互帮助的，是不矛盾的。总而言之，最终要放下，但放下是有过程的，不是现在就放下。

2

Q 您好堪布，您讲得特别好！要学习慈悲心，但是这个太难了。工作压力这么大，我以慈悲心把客户让给竞争对手，我自己就没有业绩了，工资也会比别人低。这样的话我该怎么办呢？

H 我理解，他的意思是如果他有慈悲心，那别人就会利用他，而他自己就挣不到钱。

A 是的。在激烈的竞争当中，如果你把所有的机会全部让给别人，不去竞争，这样肯定会导致你自己没有业绩，然后薪水也就随之降低，最后出现生活上的问题。这样学佛肯定是很难了。但其实慈悲心不等于放弃，也不等于软弱、消极，正当的竞争是没有问题的。比如你和一个同事去做一个项目，如果这个项目本来是他的，而你用很多世俗的手段把他的项目抢过来，这样可能不对。但如果是大家都可以做，并不属于某一个人，你去竞争，这就是正当的竞争，不违背佛教的慈悲心。

“慈悲心”就是别人痛苦的时候，你希望他没有痛苦；在平时你希望别人拥有幸福快乐。但在很多时候，比如竞争等，并不是说你要把全部的机会让给别人，所以竞争本身没有问题。在家学佛的人不能做的事情有十条，我们称为“十不善”。“十不善”里面最根本的就是四个：杀、盗、淫、妄。你只要没有去做这些事情，在生活和工作中做的很多事情都没有问题，也不是那么严重。如果佛教徒不能竞争，全部都要让给别人，那就没人敢学佛了，所以正当的竞争没问题。

Q 谢谢您。那如果与我竞争的人挤压我，给我“穿小鞋”，我还要保持慈悲心吗？

A 你不能恶意去整对方，不要去整人，只要做到我刚才讲的正当的竞争，都是没有问题的。所以这个时候你去竞争，不等于你没有慈悲心。

H **也就是说，只要是正当的竞争，凭自己的能力把项目做得更好，这样竞争还是可以有的。**

A 你们两个人去竞争，如果你愿意放弃，把机会让给别人，这当然是很好的事情。但如果你有家人，也许还有公司的其他员工，那么利益就不是属于一个人的。这样的话，他是为了他人，也就是为了一部分人的利益，我也是为了一部分人的利益，并不是我一个人的利益。

H **都不是个人利益。**

A 对，在这种情况下，他背后有那么多人要吃饭，我这边的人也要吃饭，大家都一样。从这个角度讲，我去竞争完全是没问题的，这不需要担心，没问题的。

3

Q **您好堪布！我身边有很多学佛的师兄，习气特别重，爱搬弄是非，个人作风也有问题。不学佛的话也就无所谓，但在学佛的团体里有这样的人，我就很烦恼。跟这样的人相处的时候，我该怎么办呢？**

A 在佛教团体里，不一定每个人的素质都很高，不要有这样的要求。大家都是学佛的，但是学佛的人有不同的层次。有些人学佛的时间比较久，可能素质稍微高一点，修行也就修得

稍微好一点，脾气也可能会好一点。这种人在一个团体里面毕竟是少数，大部分人可能刚刚学佛，或者是学佛没有多久的，还有虽然已经学佛十年、二十年，但所谓的学佛实际上根本就不是学佛。就像我刚才讲的，他们一直停留在信佛、求佛和供佛的阶段。也就是他自从学佛到现在，一直都在烧香拜佛，又没有去学习、又没有去打坐、又没有去修行，那么这些人的素质就不一定很高。

另外，刚刚进入佛门的人一开始即使真正地学佛，有学习、有修行，但毕竟才刚刚开始，还在努力，境界都不是很高。因此遇到一些问题的时候，不一定控制得住自己的烦恼。所以我觉得，佛教团体里有各种各样的人，这是比较正常的现象。但是按理来讲，学佛学了一段时间后还是没有任何变化的话，那可能要思考学佛的方法是不是有问题，因为学了一段时间以后应该是有变化的。

那我们应该怎么看这些现象？首先是要控制住自己的情绪，还有就是理解这些人，这很重要。因为他们都想学佛、想修行，但因为时间的关系，他们现在境界不是很高。这个时候，就一定会把社会上的习气带到这个团体里，比如说喜欢搬弄是非等。要把这些已经根深蒂固的东西一下子放下来也不是很容易，所以首先要理解对方，另外控制住自己的情绪，这样应该是比较好。

H 都是初学佛者，难免会有这方面的问题，多包容一些就好了。

A 对，多包容一些。

4

Q 堪布您好！生活中，我们经常会遇到一些合法且能够赚更多钱的机会，而佛法教育我们要少欲知足，那么在我学佛之后是否还应该投入更多的精力去赚钱呢？

A 学佛之后去赚更多的钱是没有问题的。但如果你花太多的时间去工作赚钱的话，基本上就没有学习和修行的时间了，如果是这样，那你还是要考虑一下。如果不需要花太多时间，赚钱是没有问题的。这个最终还是要看时间的分配，你要把握好，这样就没问题了。

H 感谢慈诚罗珠堪布今天给大家进行答疑和解惑。也感谢各位观众朋友们的热情提问。由于时间关系，我们这期节目要先告一段落了。感谢大家！我们下期节目再见。

什么才是有意义的人生

——《慧灯·问道》“生活篇”第 2 期

H 各位观众朋友们，大家好！欢迎大家来到《慧灯·问道》节目。上期节目中，堪布为我们进行了以生活和佛法为主题的开示。因为我们对生活和佛法的问题还有很多，所以这期节目我们再次有请慈诚罗珠堪布与大家进行互动和交流。让我们掌声有请慈诚罗珠堪布！

现在，大家有什么问题可以踊跃举手了。

1

Q 堪布您好。我刚刚接触佛教，有朋友劝我皈依。但我很担心皈依后就不能吃肉了，我实在是戒不掉怎么办？

A 这个问题还是比较具有代表性的，很多人都认为皈依了就要吃素。确实，吃素在大乘佛教里非常非常重要，但也不能把吃素和学佛等同起来。并不是说你不吃素就不能学佛了，其实也没有那么严格。如果能够吃素的话，那是最好的选择，实在不能吃素就选择吃三净肉。“三净肉”就是超市出售的肉，市场上出售的肉，不是专门为了我一个人宰杀的肉类。不见杀、不闻杀、不为我杀，这样的肉叫作“三净肉”。吃“三净肉”，然后学佛就可以了。如果因为不能吃素就不学佛的话，确实是有点不划算。所以没有那么严重，你可以学佛，吃素暂时不行的话，可以吃三净肉，只要别去吃活的就可以了。

Q 谢谢堪布。我还有一个担心，好多人都说学佛要清心寡欲，那我还可以结婚吗？

A 如果你准备出家就不能结婚了，在家人则没有这个要求。最原始的佛教中，释迦牟尼佛就有四众弟子。“四众弟子”包括出家人的比丘、比丘尼，有男女两种；另外就是在家人，也有男女两种，这四个就叫作四众弟子。在家人包括已经结婚的和即将要结婚的。所以，这个没问题的。

2

Q 堪布您好！我的问题也是关于吃素的。让我感到比较困惑的是，像日本、韩国和南亚的一些出家人，他们也不吃素，难道他们就不能成就吗？在您刚刚的开示中，您说过吃素和皈依之间没有必然的联系。那么吃素和成就之间是不是存在这种必然的关系？

A 也没有。释迦牟尼佛早期的戒律，也就是出家人的戒律里有明显的记载，讲得非常清楚，什么样的肉可以吃，什么样的肉不可以吃。只要是三净肉都可以，包括鱼肉这些都可以吃，这是小乘佛教的要求。所以南传佛教——泰国、缅甸这样佛教非常兴盛的地方的出家人，他们都是吃荤的。但是大乘佛教就不一样了，大乘佛教里有明显的规定要吃素，还讲了很多吃素的好处。

但是不是不吃素就不能成就？没有那么严重。你不吃素，暂时确实没办法戒肉，也同样可以去学习、去修行。但是如果吃肉的话，那在修慈悲心的时候，慈悲心的发展会受到一些影响，因为我们的饮食跟心情还是有关系的。

科学家用鸽子做过一个实验：让 50 只鸽子全部从小就吃素，让另外 50 只鸽子吃肉。因为鸽子是杂食动物，吃肉吃素都可以。这两群鸽子长大以后，就发现它们的性格有非常大的区别。从小吃素的这 50 只鸽子，性格特别温柔；从小吃肉的这 50 只鸽子，性格特别暴躁。这就证明饮食跟我们的心情确实是有很大的关系的。所以佛在《楞伽经》里面也讲到，如果我们吃肉，修慈悲心就难。但也并不是说，吃肉就根本没有慈悲心。吃肉了也可以修，可能就要多费一点工夫，但还是可以有慈悲心的。

那是不是吃肉就不能开悟呢？也不是不能开悟、不能成就，但吃素是大乘佛教一个非常重要的选择。我们能够吃素就尽量吃素，实在不行，最低限度就是不吃活的。比如你要吃海鲜，那就去吃冰冻的海鲜，活的都不要去吃，不要点杀，这样也可以。这样你也算是一个标准的佛教徒，而且可以是一个标准的大乘佛教徒。

虽然大乘佛教里有很多的要求，不一定每个人都能全部做到，但我们尽量能做多少就做多少。当然有些严重的、非常原则性的东西，比如戒杀，这个一定要做到，必须要做到。除此以外，其他尽量按要求去做。实在是做不到，还有一些选择，那就是忏悔，努力地去修慈悲心，这样吃肉也不会变成修行的阻碍，同样也可以解脱。

Q 明白了，谢谢您。那么作为一个以素食为主的佛弟子，我们应该如何跟家人和朋友相处呢？我们自己吃素，有时候看到大肆吃肉的人会觉得心里有点不开心，甚至对这些以肉食为主的众生产生一种轻视的感觉。请您开示，应该如何对治自己的这种心态？如何在自己吃素和理解他人的饮食方式之间找到一个平衡？

A 在佛教里有一个很严格的要求：如果是一个严格遵守戒律的人，当看到一个破戒的、不清净的人时，不能轻视他，更不能去侮辱他，不然比自己破戒还严重。吃素也是一样，这并不是每个人都能够做到的。比如你自己坚持吃素，在吃素方面他们不如你，但有可能在其他方面他们未必比你差，甚至可能做得更好，或者已经远远超过了你。所以我们不能单方面地认为，他们不能吃素我能吃素，那他们就不如我，这是不对的。

因此，我们看到他人吃肉，尤其是吃活的东西的时候，如果他是你很好的朋友、家人，能够劝的话就劝，劝不了那就不要去管他，只能这样，我们永远都不可能把全世界的人都变成素食者。

释迦牟尼佛在印度的时候，印度还是一个很小的地方，当时佛陀经常来来往往，他所在的城市里大概有70万人。这70万人当中，50万人是学佛的，10万人什么都不学，另外的10万人是学外道的。70万人的城市，我们现在看起来就是一个很小的城市，而佛陀这么一个伟人天天生活在这里，却没有把这个小城市的人都变成佛教徒。连佛陀的力量都不能改变所有人的选择和想法，那我们怎么有能力让所有人都吃素、学佛呢，这是永远都不可能的。

所以，如果你能劝就劝，不能劝的话就尊重他，这是他的饮食习惯。如果他以很残忍的方式去吃各种各样的生命，那的确是不对的、是错误的。但他现在就是这样子，没办法。而你内心当中也不要有什么不高兴，你要告诉自己：我没有必要不高兴，因为佛陀经常在的这个小城市里面，也并非所有人都是素食者、佛教徒，那我算什么呢？一个连自己的问题都没有解决的学佛人，怎么可能让全家人以及我圈子里面的所有人都成为素食者、佛教徒呢？不可能。但是，可以尽自己的能力去给他们灌输一些东西，这样我的心态就平衡了。以后家里吃饭时，大家相互尊重，在尊重的基础上，谁也不干涉谁的饮食习惯——我吃我的素，你就吃你的肉就可以了。六祖惠能大师开悟后，在很长一段时间内跟猎人一起生活。那段时间里，猎人吃肉，他就吃肉边菜。他说："人吃菜边肉，我吃肉边菜"，在一个锅里面，大家就这样吃。所以我们也这样，家庭就比较和谐。

H **就是能劝就劝，不能劝的话互不干涉、互相尊重。**

A 对，这是最好的方法。

3

Q **堪布您好！佛教讲究因果，要积累福报资粮。我平时也特别愿意帮助别人，然后也去寺庙捐钱供僧，参加放生。为什么我挺善良的，却还是没有钱呢？为什么做了好事，没见到好报？**

A 这个因果，你们可以在百度里面去搜一下“四业”，就知道这个果报是怎样成熟的。举个很简单的例子，我们种庄稼的时候不也是这样么，种水果有可能两三年后才可以丰收，而很多粮食四五个月后就会成熟，有些蔬菜则可能几个星期就可以吃了，这是它自己的一个规律。但无论什么作物，都不是我们今天种了明天就可以吃，或者今天上午种，下午就可以吃，几乎没有这样的。因果也是这样，我们今天的幸福和快乐与过去的业有关系。举个例子，我们每年 9 月之前吃的米都是上一年种的：我们当年 9 月之前种的米，虽然已经播了种子，但不能马上就吃，而是 9 月以后或是明年才能吃。因和果也是一样，这是自然规律。善恶的因果，也是自然规律的一部分。所以，现在没有钱不等于以后没有钱，慢慢地等，就会有的。

H **听了您这一番话，我突然想到一句老话，“善有善报，恶有恶报，不是不报，时候未到。”**

A 对，时候未到。

H **大家等一等，做善事还是有善报的。**

A 对对对。

4

Q **堪布您好！非常开心能够见到您。现在很多人都去寺里烧香拜佛，去祈求让生活更顺利一些，为什么有的人祈求就灵验，有的人就不灵验呢？**

A 很多人也说，什么佛很灵、什么佛不灵；什么寺庙很灵、什么寺庙不灵。其实这不一定是灵或不灵，而是因为里面有我们看不见的一些因果。比如说他到某个寺庙去求，然后达到了他的目标，那这个真的是因为他求了吗？这里面会不会有一些其他的原因？所以这个灵和不灵，不好说。但我们能够确定的是，只要我们有足够的信心，对佛菩萨的祈祷一定会灵，一定会得到佛菩萨的保佑或者是加持，前提条件是有足够的信心。

Q **佛教经常说，观世音菩萨是千处祈求千处应的，还说不管祈求什么事情都会实现，那用什么方法去祈求可以实现呢？**

A 观世音菩萨就是救苦救难，我们去祈祷是灵的，比其他的菩萨离我们还要更近一些，佛教里面也是这么讲的。菩萨都有慈悲心，但因为观世音菩萨是过去、现在、未来十方诸佛的慈悲化现，是诸佛菩萨的慈悲心显现出一个观世音菩萨的样子，所以我们去求观世音菩萨的话就是很灵的。但这必须要有很强大的信心，如果没有信心是没办法的。佛教里有句话叫“千江有水千江月”——河里有水，空中的月亮一定会在水里显现，我们可以看得到它的影子；但如果河是干枯的，没有水，那月影就没办法显现。同样，如果没有信心，就是观世音菩萨也不灵。另外，虽然有很强大的信心，但过去造了非常严重的罪过，这时也只能去面对它的果报。有时佛菩萨的能力也没有办法改变我们的现状，所以我们平时说“佛是全知，但不是全能”，也就是这个意思。

H 感谢堪布。我们经常说“心诚则灵”，这个“诚”是不是就是您刚提到的，对佛菩萨要有信心？

A 对，虔诚。

5

Q 堪布您好！我觉得看看佛学的文章，可以使人的心态平和，也更加睿智，但我这么年轻就去修行是不是太早了？我是否应该先努力发展自己的事业，等有了一定的经济基础，实现了自己的人生价值，然后等老了，时间充裕了再好好去修行？

A 不会太早的。学佛在二十岁的时候、十几岁的时候，七八岁的时候都可以。如果你有善良的心，那越早学佛越好。佛教的核心就是智慧和慈悲，那学智慧和慈悲当然越早越好了，所以不会过早。

而且，也不是赚很多钱就能体现出我们的人生价值。我们现在的价值观当中，觉得有钱就叫成功人士，有钱就可以充分地体现一个人的人生价值；没有钱的话，不管他做什么都不算体现人生价值。这实际上是我们自己的价值观错了，我们把金钱作为衡量成功和人生价值的唯一标准，这肯定是错的。而且再过五十年、一百年，那个时候肯定不会用现在的这个标准来衡量谁成功、谁不成功；谁体现了人生价值、谁没有。三十年后不会这样，这只是一个阶段。因为人类历史一直都在变化、发展，在不同的时代中有不同的价值观。在一两千年前，大多数有学位、层次比较高的人，都比较注重内在的东西。唐朝的时候，很多中国的知识分子都修禅，那个时候，禅和内在的东西就作为一个衡量标准。现在我们是用钱来衡量，但以后不一定是这样。

所以，人生的价值就不能仅仅用赚了多少钱来衡量，而是有很多的方面。一个人可以去赚钱，这也没有什么不好。赚很多钱，然后拿钱做很多有意义的事情，这也是一个体现人生价值的方法；同样，你也可以去做很多有意义的事情，利他的事情，这些都是非常好的。

另外一个问题，“我这么年轻的时候去学佛，会不会妨碍事业的发展？”也不会的。乔布斯不就是二十多岁的时候去修禅了吗，人家事业多好啊，所以没问题的。

H **堪布，您刚才提到“什么是一个有意义的人生”，那么从佛教的角度来判断的话，怎么样的人生才是一个有意义的人生呢？**

A 佛教主要是从两个方面来判断：一个是提升自己生命的级别，主要是提升自己的智慧、提高自己的境界；另一个就是利他，为他人付出。只要有这两个，那有钱没钱，做什么事情都不是很重要，你的人生价值就已经充分体现了；如果没有这两个，那你做再大的官、有再多的钱，当然这些在有些地方还是有用的，但从大乘佛教的观点来看，是不足以说明你体现了什么人生价值的。

H **所以还是您之前提到的智慧和慈悲。**

A 对。还是智慧和慈悲。

H **感恩您。所以其实学佛也是循序渐进，一步一步来。**

A 对。一步一步来。

H **好的，非常感恩慈诚罗珠堪布今天给我们做的答疑和开示。我相信大家还是意犹未尽，但是因为时间有限，这期节目只能先告一段落了，更多的精彩互动，下期节目我们接着继续。**

用智慧看透世间黑白

——《慧灯·问道》"生活篇"第3期

H 各位观众朋友们，大家好！欢迎大家收看《慧灯·问道》节目。在上一期节目当中，慈诚罗珠堪布就佛法与生活的主题，为我们进行了精彩的答疑解惑。在这一期的节目当中，我们接着就这一主题，请慈诚罗珠堪布为我们做开示。

1

Q 堪布您好。请问汉传佛教和藏传佛教的区别有哪些？或者说，您觉得哪一家更贴近佛陀的本意？

A 藏传佛教和汉传佛教哪一个比较贴近佛陀的本意？它们是没有区别的，两个一模一样。比如说汉传佛教的《华严经》跟藏传佛教的《华严经》完全是一模一样的，就是一个佛经翻译了两种不同的语言而已。如果非要说有差别，那就是翻译的人的水平有差别，很多佛经都是这种情况。

藏传佛教和汉传佛教在显宗的部分是完全一样的。如果说藏传佛教和汉传佛教有不一样的地方，那就是密宗。汉传佛教的密宗是唐朝的时候翻译过来的，密宗部分只有唐密。而藏传佛教里的密宗部分分为内密和外密，藏传佛教讲的外密就是汉传佛教《大藏经》里的唐密。因为是唐朝翻译的，所以叫作唐密，后来日本人把密宗翻译到了日本以后，就叫作东密。东密、唐密和藏传佛教的外密，实际上都是一个经典的不同翻译，所以这些方面没有区别。

除此之外，藏传佛教还有个内密。藏传佛教里最重要的密宗都在内密里面，比如大圆满、大手印，还有时轮金刚等非常重要的密宗，都在这部分里面，这个是汉传佛教里没有的。二者在这方面有区别，其他方面就没有什么区别了。

2

Q 堪布您好！特别荣幸今天与您能有这样一个互动。我刚开始学习佛法，通过学习确实感受到佛法非常的伟大，非常的智慧，也确实非常受益。我特别希望能够把这么好的东西与自己的亲人朋友一起分享，也特别希望他们能够学习佛法，从中受益，但这当中却有很多问题。有时跟他们说，他们会很反感甚至觉得是封建迷信，所以希望堪布给做个开示。

A 一个家庭里面有一个人学佛，其他人不支持甚至是反对，这种情况比较普遍。这时，我们怎样让他们来支持我们，或者最好能让他们也来参与学佛？这个问题很多人也问过。我想，我们最好的方法不是劝他们来学佛，也不是去说服他们，而是让他们感觉到你学佛的进步，让他们从中得到利益，成为你学佛的受益者，不要让他们变成你学佛的受害者。这样他们自然就会接受了，至少不会反对。没有什么理由反对，反对什么呢？比如说，自从你学佛后家庭更加和睦了，脾气变好了，更懂得关心家人和身边更多的人，那凭什么来反对呢？凭什么不支持呢？我觉得这个是最好的方法。

Q 谢谢堪布，非常好。现在我在学习过程中需要念一些咒，还要上座。但在家里会遭到家人反对，所以只能秘密地进行。这种情况，我应该怎样去协调、去解决呢？

A 你个人修法还是继续秘密地进行，尽量不要让家人产生烦恼，否则他们可能会越来越心烦，然后越来越不支持、越来越反对。当他们没有看到的时候，你就趁机自己打坐、行善。更好的方法还是我刚才讲的，尽快地让他们发现，你在学佛的过程当中有很大的变化，这样很快你就可以不需要秘密地进行了。

Q 明白了，堪布。我们学佛还是要修正自己的心，让自己发生变化，让家人能够感受到这种变化，然后用这个变化默默地去影响他们、改变他们。是这样吗，堪布？

A 对，是的。

H **至少让家人觉得学佛真的是有用的，对一个人有改变，可能他们也就想去了解一下佛教了。**

A 对，他们也许参与。不参与的话，至少也不会反对。

3

Q **堪布您好！我对佛教也挺感兴趣的，也会阅读佛教相关的书籍。我是否还需要一位师父来带领我修行？**

A 我们学佛的时候都需要一个老师，在藏传佛教里叫上师，在汉传佛教里就叫师父，大乘佛教里平时叫作善知识。师父、上师、善知识都是一样的。全世界任何一个学校里都有老师给学生讲课，没有一个学校是没有老师全靠学生自己去读和学的。我们学任何东西都需要一个老师来给我们讲，更何况佛教内容一般都很深奥，所以必须要有上师或者师父来带。如果没有人带的话，你自己也可以去读，但你能读懂《大藏经》的可能性也就 30%～40%，最终还是不知道怎样把这么多的东西变成一个很规范的、有次第的修行方法，这个你没办法提炼出来，所以还是需要一个师父来带。

Q 好，谢谢堪布！由于我是初学者，所以不知道该如何选择一位师父。现在社会上也有很多的活佛、仁波切，是不是名气越高的就越可信、越可靠呢？

A 这个不一定的。现在这个网络时代，比较善于包装自己的，比较懂得用善巧方法去宣传的人，名气都很大。他们的名气甚至远远超过了真正非常有成就的修行人，所以我们不要靠名气来衡量。很多真正的修行人，真正内心有成就的人，不一定有什么名气；而名气很大的人，也不一定有什么真实的本事，所以不要看名气。佛教里有个原则——依法不依人，“不依人”的意思就是这样。谁的地位高、谁的名气大、谁的势力强，你去找谁，这叫作“依人”。这样的话，你以后不一定学得到什么东西，甚至可能在学习、修行、学佛的道路上产生更多的烦恼，所以依止上师不是以名气来衡量。

那什么样的人叫作“上师”“师父”呢？大乘佛教里有标准。我推荐一本书，叫《大圆满前行·普贤上师言教》，这里面就讲了作为一个上师应该具备什么样的条件。如果你学密法，那密法的上师应该具备什么样的条件；如果你学显宗，那显宗的上师应该具备什么样的条件，讲得很清楚。你先去学，学完了以后，还要去观察。密法的要求是非常非常严格的，如果我想把一个人真正当成自己的引导者，也就是当成自己的上师，需要十二年的时间去观察。前三年去打听这个人怎么样；第二个三年要稍微接近一点，但还是在比较远的地方观察；再一个三年的时候，可以多接触一下观察；最后的三年，就跟着这个人观察。这样十二年后，你确定他真的是一个成就者，同时也是一个非常优秀的善知识后，那你以后的修行全部可以交给他引领，完全地信任他。就像米拉日巴大师把自己所有的一切，修行上的一切都交给自己的上师。如果没有这样观察，我们就没办法确定这个人是不是真的是一个有资格的上师，这个很重要。比如我们看病要找一个稍微正规的医院，我们也不敢在大街上随便找个没有医生资格证的人给自己动手术。所以这是非常严格的，一定要观察。观察了以后，确定他有资格再跟着他学习。但是，一般我们听佛教的课，学佛教的常识，就都没有那么严格。

H 刚才听您说的这个十二年的时间，心里面还是小小地震惊了一下。

A 因为这个时间真的是很漫长。

H 找到一个这样的上师还挺难的。

A 确实不容易的。理论上是这样，但实际上我们现在没办法用这么长的时间去观察一个人，那我们就找一些大家比较公认的、已经经过很多人观察和验证过的人。我本人就是没有经过观察就依止了法王如意宝。现在只能这样，真的要按照要求去做的话，确实有点难。

4

Q 堪布您好！佛教说不要伤害众生，更不要杀生，但是人类生活环境中有很多其他的生物难免与我们生活起冲突。佛陀说过，对于肉眼看不见的小虫子，比方说水里虽然有微生物，但我们喝水不造杀业，这是不是眼不见为净？比方说尘螨也会使我们过敏，所以我们用除螨吸尘器来吸除床上的脏东西，或是把棉被、枕头拿去晒太阳，这样是不是也不造杀业？那有一些再大一点的生物，虽然平常看不到，比方说小孩肚子里的蛔虫或者是宠物身上的跳蚤、耳螨这些，我用药来除去的话，这样是不是一样眼不见为净，就不造杀业呢？

A 对，这个问题非常具体。释迦牟尼佛住世时，印度的水比较脏，所以出家人喝水时都必须用过滤器，一般用过滤器过滤的水就可以喝了。但释迦牟尼佛身边一位有天眼的比丘，他用天眼观察了这个水后，发现整个水里都是生命，怎么过滤也没有用。他觉得自己没办法喝水了，就问佛陀怎么办。佛陀告诉他，你不要用天眼去观察，而是要把肉眼作为观察的标准。肉眼看不见，那么你就可以喝。这在佛教里是一个大家都知道的事情。

你刚才说得很对，虽然我们的肉眼看不见螨，但在显微镜下它就是一个真正的虫，是有生命的。不杀的话，会导致你刚才说的皮肤过敏等一些健康问题；杀的话，那确实也是一个生命。我想，这个问题如果说完全没有罪过的话，可能也有点说不清楚了。这种情况下，最好的方法就是预防。因为螨是可以预防的，没有的时候预防最好。

除了螨以外，还有厨房里的蟑螂、蚊子等都是一样，以预防为主。但如果实在没办法，出现皮肤过敏或者生病了，这个时候该怎么做都由自己选择。我想可能会有一点罪过，但因为不是怀着嗔恨心去杀，也不是贪图它的皮和肉去杀，所以罪过没有那么重。但这毕竟是一种杀生，所以完全没有罪过可能也有点不好说。蛔虫、跳蚤是我们可以看见的，如果知道有这些虫而故意去杀害，是属于杀生。就像我刚才讲的一样，这个杀生跟其他的杀生，罪过的轻和重可能有点不一样，但如果说完全没有罪过也说不过去。关于怎么样去做，还是自己决定，最好的方法就是预防。蛔虫、跳蚤都可以预防，以预防为主。

Q 我们说“人不犯我、我不犯人”，如果努力预防了还是有些致命的传染疾病，或是猛兽来攻击我们的时候，那么为了保卫自己的生命，难道也不能去杀害这些动物甚至是坏人吗？

A 佛教里面就有很多这样的公案。有一群出海寻宝的商人找到了很多宝石。回来途中，有一个人想把五百个人全部杀掉，然后把他们所得到的宝石全部拿去卖。这五百人里有一个人有一点点神通，他知道了那个人的想法。他就想：如果那个人把这五百人全部杀掉了，他会堕地狱；而被杀的这些人的家人也会很痛苦。那么我把这个人杀掉，尽管我一定会堕地狱，但没关系，为了救这些人的命，我愿意堕地狱，然后他把那个人杀了。这个在大乘佛教里，不但没有罪过，而且还有功德，这在完全没有掺杂个人利益的情况下是没问题的。但如果是为了保护我自己，为了我的利益，为了我的生存，把另外一个生命结束了，这样有没有罪过呢？这是有罪过的。佛教里面还有很多为了不杀害其他的生命而放弃自己生命的故事，但这不是每个人都能够做得到的。那做不到的情况下，为了保护自己的生命而把某一个动物杀掉了，这个有没有罪过？有罪过，但是罪过的轻重可能有区别。

Q　您刚提到，这是为了慈悲心而杀生。那如果看到受了重伤的小昆虫或是家里的宠物病得太严重了，很痛苦而且又医不好，那对它们实行安乐死，不知道是不是也是造业呢？

A　在佛陀的年代没有“安乐死”这样的说法，但是有一些类似的情况发生过。小乘佛教认为，一旦你有想结束其他人的生命的这种念头，起心动念本身注定就是罪过。大乘佛教认为还要看另外的条件，比如说你看到对方真的是很痛苦，这个里面你没有任何的自私的心，它的生命提前结束与否跟你的利益没有任何的关系，在这种情况下，如果你提前结束了它的生命的话，这个罪过还是有一点点，也不是没有罪过。所以，不管是大乘佛教还是小乘佛教都不赞同安乐死的做法。因为它毕竟是一条生命，你要尊重它。它在有生之年活得幸福还是痛苦，这是我们没有办法控制的，这个和很多其他的因缘、因素有关系，但是你不能结束它的生命。大乘佛教、小乘佛教都这么认为。

Q 好，明白了。谢谢您。

H 所以说还是不能以自己的主观意识去判断，或者下结论要不要去结束一个生命，是这样吗?

A 对，这是一个。另外，凡是为了我的利益——为了保护我的财产也好，为了保护我的生命也好，而去杀死小动物或人，在佛教里都是不可以的，都是有罪过的。杀与不杀最终还是自己选择。每个人都有自己的选择，但这个罪过轻重是有区别的。而且这些罪过，不是大乘佛教、小乘佛教制定的，也不是释迦牟尼佛制定的，它本身就是这样。释迦牟尼佛只不过把因和果的关系，给我们解释得稍微清楚一点而已。这些因果本来就是自然规律的一部分，释迦牟尼佛也没办法改变。《佛说稻秆经》这部经里面，就有非常著名、非常经典的一句话："佛出世或不出世，法性常在。"

H 法性。

A 对，法性常住。"法性"就是自然的规律。自然的规律永远都是存在的，跟释迦牟尼佛没有任何的关系。佛出世或不出世，"出世"就是出现的意思，意思是说释迦牟尼佛出现或不出现，这些因果的关系照样存在，它是大自然规律的一部分。

H 自然规律。

A 对，它是自然的规律，所以这个跟释迦牟尼佛没有太大关系。释迦牟尼佛只是把这个自然的法则，讲得清楚一点而已。

5

Q 堪布您好，我的问题是关于植物的。科学界讲，植物有神经系统，能够繁殖，属于生命，所以我们不确定它有没有感受。佛教慈悲，讲究放生、提倡吃素。请问堪布，如果植物也有生命，我们应该如何对待它们？

A 这是他们专业术语的区别。“生命”这两个字，科学家、生物学家的定义跟佛教的定义是不一样的。虽然用词都一样，但是定义不一样。佛教对生命的定义是除了你刚才讲的繁殖后代、有神经系统以外，还要有情感，有情感的“有情众生”才叫作生命。

植物也可以繁殖后代，也有类似于人的神经系统，但是它们没有情感，不会思考，没有痛苦和快乐的感受。所以虽然也叫作生命，但是和佛教讲的生命不一样。佛教确定人是有情感的，动物是有情感的，因此不能去伤害它们，不能去吃它们。但是植物的话，除了个别的植物（比如说有附体，有一些比较特殊的植物会有感情）以外，一般的植物虽然可以繁殖，而且它们繁殖的方法确实跟人很像，但实际上并没有痛苦和快乐的感受。

因为植物和动物的生命的定义不一样，所以植物是可以吃的，动物是不可以吃的。

H 感谢慈诚罗珠堪布今天给大家进行的答疑和解惑，也感谢各位观众朋友们的热情提问。由于时间关系，我们这期节目只能先告一段落了。感谢大家，我们下期节目再见！

学会裁剪世俗的生活

——《慧灯·问道》“生活篇”第 4 期

H 各位观众朋友们，大家好！欢迎收看这一期的《慧灯·问道》节目。我们常说，佛法要利益生活，那么我们应该如何用平时学到的佛学知识利益我们的生活呢？我们在平时的生活中又有哪些佛学问题呢？今天我们再次请到慈诚罗珠堪布为我们答疑，掌声有请慈诚罗珠堪布！

感谢您再次做客《慧灯·问道》节目，我们先看一看大家有什么问题。

1

Q 堪布您好，我有三个问题。第一个问题：佛陀是全知全能的，为什么几千年以来，学佛、信佛的还是少数人？

A 释迦牟尼佛他本人是全知的，但是佛教中不会说佛陀是全能的。学佛的人多或少，跟释迦牟尼佛是不是全知似乎没有太大的关系。一个原因是传播方式不一样。佛教里有个明确的规定：如果对方不愿意听佛法、不愿意接受佛教的内容，则不允许给他传播、不允许给他讲。不能把佛教的东西强加于别人，有可能是这个原因。

另外，可能和佛教的教义有关系。佛教的教义不是只要大家捐点钱、搞一些慈善活动这样很简单的信仰，它里面有很多东西要学，所以可能就不适合所有人。

Q 我还有一个问题：为什么在很多人的眼里，念佛诵经还依然是封建迷信？

A 首先，他们不太了解佛教的教义，为什么念经，经的内容是什么，念了以后有什么用……这些他们都不太了解，这是一个主要的原因。另外一个是宣传，还有其他人的洗脑以及各种各样的原因。

Q 最后一个问题：为什么佛教说普度众生，却一直到现在都还没有度完众生？佛菩萨不会失望吗？

A 佛教里讲得很清楚，众生是无边无际的。那会不会有一天把轮回里的人或者众生都度完呢？佛经里说没有这样的一天，也永远不可能有这一天。

但佛菩萨是不会失望的，他觉得即便不可能把轮回里的众生全部度完，但可以度一个算一个。虽然度不了所有人，但能够度一个人、两个人、十个人，他就有满足感，也会非常高兴，所以他不会失望。

H **刚才这位观众在问为什么众生度不尽的时候，台下有些观众在笑。其实不光他一个人有这个问题，在《地藏经》里面阎罗天子就曾问过世尊这个问题。他说："地藏菩萨既有如是不可思议神力，云何众生而不依止善道，永取解脱？"意思就是地藏菩萨这么大的威神力，为什么众生旋出旋入？现实生活中，有些人曾经发心皈依三宝，好好修行，可最后还是退失了。这样的情况一般是由什么原因造成的呢？**

A 这有很多原因。在佛教里，一般修行到比较高的境界时才不会退失。在还没有到这个境界时，随时都有可能又信又不信，这是很常见的事情。这实际上和他们的教育、他们的环境、他们的文化背景有关系。但是修行修到一定的境界后，不管在什么样的文化背景下、什么样的环境当中，他都永远不退失。但要到达这个境界，是需要一定时间的。还没有到这个境界的人，就会进进退退，都会有这种情况。

H **路程遥远，我们仍需进步。**

A 是的。

2

Q **堪布您好！我身边的很多朋友，包括我自己，都认为解脱离我们的生活比较远，求今生的平安幸福可能更现实一点儿。怎么样能让我们真正相信因果、相信轮回，向往解脱呢？**

A 这个问题也很重要。首先让我们相信轮回，这是比较容易做到的。我们要看看，为什么自己不相信轮回，不相信轮回的理由是什么，要去找答案。这时我们会发现，不相信前世后世的唯一原因就是自己没有看到。因为自己没有看到，所以就不相信。那这个理由成不成立呢？再进一步去观察，就会发现这是不成立的。为什么我们会有这样的想法呢？一个身高一米七的人，在海面或在平原上往前看的话，只能看到4628米。也就是说，这个身高一米七的人的地平线就在这4628米。尽管这后面还有地平线，但因为地球是球形的，他的视线所及也就只能看到这么远，左右都是这么远。所以过去的人就认为，地球不是球形的而是平面的，我们的世界是平面的。为什么是平面的呢？因为他往前看就只能看到4628米，而这个4628米就是平的，左右都是这样。如果他往前再走四公里看也是一样，往前看也是平的，往后看也是平的。因为球形的地平线在他的视觉里看不到，所以他就产生了“这个世界是平面的”这样的想法。

关于前世后世是否存在，其实也是这样的道理。如果一个中年人往前看，也许还可以活三四十年；回头看，也只能看到活过的四五十年。因为前面的我们看不见，后面的也看不见，看到的只是前后一百年左右的时间。所以我们就认为，人生只有这么一个阶段，除了这个阶段以外，前面没有、后面也没有，什么都没有。大概是两、三百万年前的时候，人类就开始有这样的想法了。但是，这些想法并不是人类思考非常成熟时的想法。因为早期的人类还没有现在这么聪明，进化得没有这么好。

第一，当人还是猿人的时候，看到自己的同伴死了，身体动不了了，就觉得一切都结束了。那个时候不会想到，人有一个灵魂，还有一个肉体；肉体死了，灵魂走了。他没有这样的想法，只觉得肉体动不了了，就都结束了。这种想法一直都存留在我们的进化过程当中，延续到现在。现在我们又把这些不太成立的、不太成熟的理论进行了加工。说得再好一点，是把这个观点修饰了一下。但无论再怎么修饰，它的源头都是错的，是不对的。我们会发现，自己原来没有前后世的想法也是在这样一个情况下诞生的，其实这是没有什么证据的。

第二，除了看到的一百年以外，生命有没有继续存在的证据呢？我们会发现，证据有很多，包括我刚才讲的这些。这样思考后，我们就会相信，人的生命不是只有一个阶段，而是连续性的，只不过我们能看到的只有一个阶段而已。其实它是一阶段、一阶段连接起来的，是一个很漫长的过程。这样我们就可以发现轮回是存在的，然后再进一步地去思考因果存在的问题。

其一，关于因果，如果我们真的要达到深信的话，还是要从佛教的逻辑因明学里去寻找答案。逻辑因明虽然稍微复杂一点，但是讲得比较清楚、透彻。简单地说，我们可以这么理解：宇宙当中的万事万物都在一个非常庞大的因和果的网络当中运转，任何一个东西都是有因有果的，没有一个东西是没有因或者没有果的。

其二，因和果二者是相似的。比如说“种瓜得瓜，种豆得豆”，我们种瓜不会得其他的东西，也不会种的是豆而得的不是豆，大自然任何一个植物都是这样，因果关系永远不会错乱。动物也是一样，狗生狗、鸡生鸡；不会狗生鸡、鸡生狗，不会错乱。理解了这一点以后，我们凭什么还会认为做了杀盗淫妄这些严重伤害其他生命的事情后，而没有结果呢？如果有结果，那也是跟宇宙、大自然的规律一样，它的因和果必定是相同的。既然相同，那么自然就得到“放生就能长寿，杀生就导致短命”的结论，简单地说就是这样。这两个成立了以后，我们再宏观地去看整个的轮回。

因为我们现在是人，而人是六道轮回中最幸福的。我们现在非常看重眼前的幸福快乐，却没有整体地去思考：尽管人生当中、轮回当中有幸福，但也有很多很多的痛苦。这样我们就会希望，如果有一种办法（可以得到解脱），自己还是愿意从轮回当中走出来，超越轮回。超越以后，还会希望让更多的人也走出来。这个时候我们的内心当中就有了慈悲心、出离心，就开始从轮回走出来了。

另外一个你刚才也讲到了，比如有些人相信佛、相信因果，但是不想成佛、不想解脱。他们就只需要自己现世的生活过得好一点，还希望自己生生世世日子过得好、幸福开心，只追求这么点儿，其他的都不追求。大理论他们不想听，就是需要这个幸福的生活。那这一部分人，佛教也是允许的。佛教分人天佛教、小乘佛教、大乘佛教。对追求幸福的那部分人而言，这就叫作人天佛教。人天佛教没有太多要求，你只要相信轮回、相信因果，在现实生活当中尽量地去行善断恶就可以。

3

Q 堪布您好！我在有些场合看到，汉地的一些佛教徒见到藏地的上师后，就把头伸过去让上师给他拍脑袋，说这样就可以得到加持。我想知道这个加持到底是什么？是不是跟开光是差不多的意思？

A 跟开光不一样，开光跟这是两回事。头伸过去，上师把手放在头上，这实际上来自于佛经。我们在读佛经的时候，经常看到佛陀或是某一位菩萨，把手放在某一个人的头上，这个人当下就开启了智慧、开启了很多禅定的能力。实际上，这个才是真正的加持。但现在的人不一定能像佛陀的时代那样，把手放在上面就一下子开悟，现在没有那么好的事情了。

现在（把手放在人的头上）就是一个祝福。还有修菩提心的人，让有菩提心的人把手放在自己头上，然后祝福一下，这会对他有一些帮助。这个力量不是来自于手，而是来自于他的修行。如果没有什么修证，那手放在头上也不会有什么加持。

那加持是什么呢？“加持”这两个字，好的方面、不好的方面都可以用，比如说被佛加持了、被魔加持了，我们佛教里平时都这么讲。加持的意思就是像化学反应一样，某些物质碰在一起的时候，因为它的力量，另一些东西就产生了一些变化。让你产生了好的变化，这就是佛菩萨的加持；让你产生了不好的变化，这叫作魔的加持。简单地说，加持就是传递一种力量。这个力量是来自于智慧，来自于菩提心，并不是来自于这个手。手放在头上只是一个方法而已，佛经里面经常讲这个方法。

Q 我还有一个问题，好多人请了佛像还有佛珠，他们也想去加持、开光。这个有必要吗？

A 有必要。比如说我们请了一个佛像，如果佛像没有被开光的话，虽然这个佛像就是像佛的身体，但是它的本质就是一个物质而已，有可能是泥巴，有可能是石膏，有可能是铜或者其他金属，它本身没有什么功德，只是它的这种样式比较像佛的身体。

那开光是什么意思呢？密法里面经常讲开光，开光是通过做开光的人的禅定的力量，迎请佛菩萨的化身融入被开光的佛像和佛珠里。比如说这里有一个阿弥陀佛的佛像，那么做开光的人通过自己禅定的力量，从西方极乐世界迎请阿弥陀佛的化身，然后就融入这个佛像。从此以后，这个佛像表面上没有发生什么变化，还是过去的样子，但是它的内涵就不一样了。如果没有经过加持，就只是一个艺术品，没有很大的意义。而从西方极乐世界或者是从某一个佛的刹土迎请了佛，跟这个佛像是无二无别的，然后再融入这个佛像，这样佛像就更有意义，更有加持，开光就是这个意思。

Q 这样是不是可以理解为，开光其实是迎请一种能量融入这一尊佛像呢？

A 对。可以这么理解。

Q **那这个跟灌顶有什么区别？**

A 灌顶就不一样了。灌顶是给人一种能量，这个能量范围很广，最起码是给我们播下了一个智慧种子。然后这个种子、这个能量慢慢地成熟了以后，帮助我们去开悟、证悟。比如我们的心和身，现在就像是一粒干燥的米，当一粒米还在一个器具里面的时候，因为不具备温度和湿度，所以就不是一个种子，不一定发芽。当有了合适的温度和湿度，这颗米就变成了一个种子，就可以发芽。我们现在就是这样的一粒米，通过灌顶就可以"发芽"，灌顶就相当于给我们一个适当的温度和湿度，正规的灌顶就是这样。

4

Q **堪布您好！佛教提倡走正道、行善，但在世俗的社会中，偶尔会有人为了自己的利益去利用这种善良。什么情况下，我们可以用一些世俗的手段或者方法，来应对这种被利用的情况或可能被别人利用的问题？除此之外，有什么动力能帮助我们坚持这种善念和正道，哪怕我们受了委屈或者遭遇一些困难，也能帮我们一直坚守？谢谢。**

A 对，佛教的慈悲和善良有些时候确实会被人利用。从一个真正的大乘佛教修行人的角度来说，如果一个人利用了我，他没有造什么罪，只是想求一些自己的利益，这样的话，大乘佛教真正的修行人就会让他利用。但我们一般做不到，所以这要分层次，对不同的人有不同的要求。比如刚刚学佛的人，就不能这样要求："你被别人利用，那你就允许他随意地利用"，这当然不可以。但是，一个修行境界很高的真正大乘佛教徒会认为："那好啊，你利用我，你得到了利益，那我很开心，你可以随意利用"，他是这样的。

当然，有一个原则是：如果你利用我的善良和慈悲心去做一些不好的事情，那不管修行好还是不好，所有的人都要反对。这个时候，用一些世俗的手段来反对没有问题。其实很多时候，这些世俗的问题就是需要用世俗的手段，但心里不要有世俗的想法。世俗的这些钩心斗角、你死我活的想法是不对的，大乘佛教修行者不能有。但是本心很善良或是考虑到其他的——主要是在利他为主的原则下，用一些世俗的手段来控制，这样是可以的。

比如说，如果你利用了我的善良去伤害、欺骗更多的人，那受害的人就更多了，这样就不对。所以我的心是为这些人考虑，或者是为这个人考虑。但因为其他的手段可能太软弱了，起不到作用，那么就可以用一些世俗的手段来控制，这是没问题的。也就是说，手段是世俗的手段，但是心还是大乘佛教的心。

现实生活中，刚刚学佛的人要尽量避免被其他人利用，如果需要用世俗的手段去控制，我们内心当中还是要尽量坚持自己的原则，但方法世俗一点没关系。

H **就是方法和手段可以多种多样。**

A 对。

H **我们可以运用世间的一些方法，并不是说这些世间的方法都是不好的，只不过心态还是应该是善良和纯洁的。**

A 是的。尤其密法里的本尊，有些忿怒本尊看起来很凶猛、很威猛。他们手里的东西也不像释迦牟尼佛一样是个吃饭的钵，阿弥陀佛也是持一个喝水吃饭用的钵。但密法里的这些本尊，他们手里全是兵器，很厉害的。他这个兵器是用来干什么呢？就是要吓唬人。

H **吓唬谁呢?**

A 就吓唬那些凶猛的人！

H **对那些凶猛的人，这个碗不起作用吗?**

A 对啊，对凶猛的人，释迦牟尼佛的钵，还有阿弥陀佛的钵，从表面上看不起作用，他们不怕吃饭的碗，所以就需要兵器。但这些威猛本尊的内心和释迦牟尼佛、阿弥陀佛的内心是一样的，只是他手里的东西和外表不像释迦牟尼佛和阿弥陀佛是寂静像。这说明，做不同的事情或是面对不同的人的时候，需要有不同的表情，需要用不同的东西，这样才能完成或达到他的目标。

所以，我们虽然不是释迦牟尼佛、阿弥陀佛，也不是密法本尊，但我们自己在学佛的过程中，也可以模仿他们的方法。

H **外表偶尔可以忿怒，但是内心还是要保证善良和纯真。**

A 是的，理论上是这样子。

H **好的，我们再次感谢慈诚罗珠堪布做客我们的《慧灯·问道》节目。感谢大家，下期节目再见！**

顺其自然才是最好的活法

——《慧灯·问道》“生活篇”第 5 期

H 各位观众朋友们，大家好！欢迎大家来到《慧灯·问道》节目。上一期节目当中，堪布对我们进行了生活和佛法的主题开示。因为我们对生活和佛法还是有很多的疑问，所以这次节目中我们再次请到慈诚罗珠堪布与大家进行互动和交流。我们掌声有请慈诚罗珠堪布！

1

Q 堪布您好！有人觉得自己在生活中没有害人，对其他人和事都挺热心的，没有造过什么罪业。为什么佛教总说要让人们忏悔自己的罪业呢？

A 佛教的“忏悔罪过”指的是，即便这一生当中没有做过任何罪过，那也不意味着上一世、再上一世没有罪过。所以佛教觉得还是应该忏悔。因为我们的意识就像一个电脑硬盘一样储存着很多东西，今天存的、昨天存的、上一个月存的、去年存的……我们今天没有保存什么东西，并不能代表昨天和前天没有存，所以佛教是从长远的角度来看的。我们现在只要有这样的机会，就要把阿赖耶识上（也就是精神上）一些不好的东西铲除。现在就是一个机会，以后有没有这样的机会，大家都没把握，所以现在有机会的时候要忏悔，这样比较安全。

还有一点，很多人觉得自己这一生当中，没有做过什么罪过。但其实不一定，如果我们深入地去思考，我们在工作、生活时认为这个不是罪过，但实际上确实是罪过，是害别人的，是害其他众生的，都有可能。比如说，这种人在生活中确实没有故意去伤害过什么人，但他吃饭时有可能吃一些活的东西等，所以忏悔还是有用的。

H 所以这个知错能改是比较好的一种方式。

A 是的，知错能改是佛教里面非常重视的。

2

Q 堪布您好！人们总说随缘和顺其自然，可有人不作为或是做了不该做的事情后，也说随缘或顺其自然。我想问堪布，从佛法上如何理解随缘和顺其自然？

A “随缘”这个词佛经里出现得比较多，“顺其自然”却不是很多。其实这两个内容基本上差不多。“随缘”是什么意思呢？“缘”就是外在的。外在的任何东西，能够刺激我们感官的各种各样的东西都叫作缘。“随”是什么呢？就是我们的感官跟着外界的这些东西发生变化。比如声音振动了我们的耳膜后，我们内心中就产生了“哦，听到了一个声音”，然后去思考这个声音的内容等，这叫作随缘。“缘”是外界的东西，“随”就是跟随它发生变化，这个叫作随缘，一般是这样理解的。

那“顺其自然”呢？“自然”是自然规律。比如说我们生活中的各种事情，都有因和果。这些因和果之间有一个不能随意改变的自然规律，这个规律就是：有了因，就一定会有果，我们要顺着这个走。如果你过去造了业，那么现在有这个报应是自然的，比如你杀生，然后生病，这个是自然。那么“顺其”就是现在去面对，不去拒绝，就是顺着自然的规律走。

另外善的方面也是这样。我们行善就有善的果报，彼此之间也有因果关系，我们还是要跟着它走。这当下发生的一切都是有因有缘的。既然有因有缘，那我现在不顺它也不行，这是没办法拒绝的，所以我去面对，我不逃避。

H **堪布，其实刚才这位观众朋友提问题时也说到，面对一些不好的状况时，有人会说，顺其自然吧、随缘吧。那比如说我们现在看到一个年轻人沉迷于网游，我们是不是也能说，那就随**

缘、顺其自然吧？

A 对，任何一个词语的真正意义在我们用到生活中时都可能会产生变化。还有一些词语，用在不同的年代也有不同的意义。刚才说的是佛经里的意思，现在则是我们对某个事情努力了，如果没办法实现的话，那就随缘吧，放弃吧，成了这种意思了。这是我们的一种习惯用法吧。

H **其实跟佛经原来的意思相比，已经有一些变化了。**

A 稍微有一点点变化，但也可以这样理解。从字面上看的话，它其实就是随缘。那就随缘，我就不要再去努力，或者不要再去想改变它。它就是这样，随缘的，那就随着它的因缘走吧，也可以这样理解了。

3

Q **堪布您好！死亡是一刹那的事情，我总觉得它并不可怕，煎熬的是医学意义上一些无法治愈的疾病，长时间的病痛折磨。我们该如何面对这样的病痛折磨？是否要提前修一些特殊的法门呢？**

A 对。我们所有的修行，都是针对生老病死的痛苦。生病也有一些特殊的修法，我在《慧灯之光》当中也介绍了如何面对病痛。有些修法需要我们现在健康、还没有生病的时候去准备，到面对的时候就可以用得上。如果没有提前准备，到面对的时候再去修，那一般的这些修法都是不管用的。

《慧灯之光》里的“如何将病苦转为道用”讲过，我们怎么样把病痛转为修行的资粮，病痛如何转为道用，“道”就是修行。我们普通人面对生老病死都很拒绝，也不愿提及。但有一定修行的人，他可以把生老病死都转化为修行的动力，再通过这个消除生老病死带给我们的痛苦。有这样的修法。

H 堪布，刚才这位朋友提到死亡并不可怕，只是一刹那的事儿。其实我还想向您请教一下，她这个见解是否正确？死亡真的就只是一刹那的事情吗？

A 死亡就是一刹那的事情，最可怕的是死亡给我们带来的后续的一些事情。死亡本身就像人睡着了一样。比如说，一个人在特别受苦、特别痛的时候死了，那所有的病痛就消失了，这是一瞬间的事。可怕的是死了以后，我们的这一生全部结束了，但又遇到了一个新的开始，那这个新的开始是怎么样的？如果在没有什么准备的情况下，这后面的事情是比较可怕的。

4

Q 堪布您好！网上时常有大众对于出家人出门乘坐飞机头等舱、坐豪车、戴名表、使用最新款的 iphone 手机等现象的一些非议。那我们应该如何来看待呢？

A 我今天没有戴名表，真是太好了！如果出家人刻意地去追求奢侈的生活，把自己变成一个享乐主义者，这样肯定是不对的。因为这不符合出家人的身份，也不符合出家人的生活方式，更不符合佛的要求。但如果一个人不是刻意地去追求，而是自然就有了，那么有了以后，他是不是一定要抛开这个呢？也不是。小乘佛教里，如果今天一个人出家受戒，受戒完毕以后，他的受戒师父要给他讲十一条要求，佛教里面叫“十一个教言”。其中一个就是对生活方面的要求：生活要做到不堕两边。佛教里面就讲不堕两边，两边是指左右两边，也就是说生活不能走两个极端。

两个极端中，一个是指刻意地去追求奢侈的生活，像社会上个别人一样去炫耀名表啊、豪车啊，相互之间用物质来攀比，这绝对是不对的，出家人的生活不能刻意地追求奢侈。还有一个，就是刻意地去过贫穷的生活。不管是出家人还是在家人，是不是佛教徒一定要当苦行僧，过很贫穷的生活？很多人都有这种想法，但实际上也不是这样。在没有经过努力，自然而然有了一些奢侈品后，把这些奢侈的东西当作一个罪恶来看，然后强迫自己一定要远离这些东西，认为自己不应该有这些东西，贫穷的生活才是我的生活，我应该刻意地去过贫穷的生活，这也是一个极端。

所以小乘佛教的经典里讲，如果你不需要任何的奋斗自然就有了，那是不是就可以过这种生活？比如说你有一整栋的楼，里面有五百套房间。这样的一栋楼，你一个人去用的话，也是可以的。因为你不是刻意地去过这样的生活，你也没有为了这个去奋斗什么，而是自然就有了。那自然有了以后，你过了这样的生活是不是就不能解脱了？也不是。比如说，你只把这栋楼当作一个房子而已，没有因为自己拥有一个这么大的房子就觉得了不起，没有这些烦恼，没有这些负面的情绪和想法。车也是一样，只是把它当作一个交通工具而已。你有一辆好车，你没有觉得有什么了不起，有一天没有了这个好车，换成一个非常破烂的车子，只要能够把你送到目的地，你觉得这个交通工具也可以。这样看（其他类似的情况）都是一样的。你可以戴一个名表，也可以戴一个几十块钱的表，反正它能够告诉你准确的时间就好了。是名表还是一般的表，这个都没关系，你只是把它当作一个时间表。如果能够保持这样一个平常心，那都是没关系的。不仅仅是出家人，在家人也是这样。

很多人觉得，佛教徒就不应该过奢侈的生活，这是因为他们不懂得其实佛教徒修的是心。物质是好还是不好都不是很重要，重要的是你的心态。如果心态没有调整好的话，这些很普通的表、车、房子也会给你带来烦恼；心态调好了以后，这些物质本身不是邪恶。比如说金钱，佛教永远都没有把金钱当作一个罪恶的东西。如果用得好，金钱也是有好的一面。

大乘佛教与小乘佛教的要求也不一样。小乘佛教里讲，如果有人给出家人供养金银珠宝，那这个出家人不能接受，他手一碰就会犯戒的。所以南传佛教的出家人，很多时候身上都没有钱的。如果兜里面有钱，他们到超市去买东西，会把包搁在那让收银员来拿钱，他是不碰钱的，到现在也是这样。但在大乘佛教里，如果有人供养金银珠宝，不接受的话那就又是犯戒了。要接受，但接受后必须要把自己当作一个金钱的保管员、管理者，而不是它的拥有者。把这个钱收了以后，要用到弘法利生、帮助众生等方面，就是心态应该是为了弘法利生而接受这个钱。

如果为了自己的享受然后刻意地去追求物质，则不管大乘还是小乘都不允许。所以出家人坐头等舱，用电器设备，很多人会说，为什么出家人要用苹果手机呢？如果只是把苹果手机当作一个通讯工具来看的话，那苹果手机可以，什么手机都可以，对出家人本身来说，没有什么太大的区别。不过一般来说，出家人最好还是过比较简单的生活，这样是很好的，在别人的心目当中也比较顺眼，但也不是要刻意地去追求简单。对于个人来说，要看怎样才能够保持比较平静的心。如果有什么东西让你产生烦恼，那这个东西是要放弃的，不管是好的还是不好的。现在网上说得很严重，好像拥有这些东西就完全违背了佛教的教义。实际上也不是这样，要看心。

在家人也是这样，有些时候我们也遇到有人问：在家人佛教徒学了佛以后，可不可以结婚，可不可以住很大的房子，可不可以一身都是名牌，可不可以背几十万、几百万的包包？这些答案都是一样的，如果自然就有，那这是可以用的。一般在家人不太可能自然就有，但是如果不需要太多太多的奋斗，因为各种原因自己自然拥有的话，那这个也是可以用的。

H 非常感谢您！您刚才一番话确实对我们有很大启发。因为很多初学佛的人，刚接触佛教的时候会有一种恐慌，觉得我要学佛了之后，我以前过的好生活不能再过了，但其实并不是

这样的。

Ⓐ 对，不是这样。比如说也经常有人问：刚学佛的在家人可不可以参加娱乐活动？参加正常的娱乐活动是没有问题的，即使穿着打扮非常时髦也没有关系。主要不是看外表怎么样，外表虽然破破烂烂的，但里面都是嫉妒、傲慢，各种各样的烦恼，全部都非常的肮脏，那一点用都没有。所以我们平时讲，21 世纪的佛教徒既要有佛学的修养，也要有科学的头脑。年轻人的穿着打扮，完全可以非常时髦，没有一点问题。有些佛教徒，可能因为某些个别的寺庙或个别上师的要求，吃的东西很简单，穿的也是破破烂烂的，很多身上的衣服不男不女，他们觉得这样很好，但其实这没有什么好的。所以佛教徒的穿着打扮还有言行举止，要符合现代人的观念，“与时俱进”这句话对佛教来说非常重要。

如果佛教徒的言行举止都与社会格格不入，那谁来学佛呢？佛教就边缘化了，最后没人去学，那本身也不是佛的意思。佛的要求是生活不要走两个极端：既不要太奢侈，刻意地追求奢侈；也不要太贫穷，过正常的生活就好。如果自己有福报，生活过得好一点、奢侈一点，也不是完全不可以。如果自己喜欢简单的、稍微贫穷一点的，不需要那么多物质的生活，能够让心清净，当然也可以选择这样的生活方式，这些都没问题的。

Ⓗ **谢谢您，相信很多年轻人因此就如释重负了。谢谢！好，下面一位观众朋友。**

5

Q 堪布您好！我们学习佛法中要用到佛珠，因为佛珠是佛教徒非常重要的一个标志。现在的佛珠非常多，请问堪布：是不是越贵越好呢？还是说这个就是随心意呢？请堪布开示。

A 也不是越贵越好。在一般的情况下，我们用什么样的佛珠都可以，不一定要用贵的佛珠。现在不管信佛的、不信佛的，每个人手上都有一个佛珠，这个确实是一种时髦。大家把很多原来很便宜的佛珠炒得很贵很贵，这是把佛珠当作装饰品了，然后就相互之间对比，谁的佛珠贵，谁的佛珠好看等，但这不是佛教的本意。

有一些特殊的修法，比如说密法里讲的一些本尊的修法或是不同的修行的内容，会有一些佛珠上的要求，这个是比较特殊的。一般的情况下，我们用不上。我们平时就是用六道木的，木头的或者是一般的、稍微比较便宜一点的佛珠就可以，反正是计数的，也不需要很贵。一般情况下，佛教对我们念咒时用的佛珠没有太多的要求，用什么样的都可以。

6

Q 堪布辛苦了。我们经常看电视里卖珠宝的节目会宣传“男戴观音女戴佛”。这个我们也知道了很长时间，它流传了很长时间。这个真的有分别吗？佛教里面有这样的规矩吗？谢谢。

A 佛教里面应该没有这样的规矩，怎么戴都是可以的。不知道什么时候产生了这样一种说法，可能是世俗人自己的想法吧！佛经里没有看到。都可以的。

7

Q 师父您好！我们修行人发愿要去往西方极乐世界，那么人在太空中如何辨别东南西北呢？还有，西方极乐世界到底在什么位置？然后它到底是实实在在的存在，还是只是一个比喻？

A 在太空中地球有自转和公转，它的西方也有变化，不是永远都是一个方向。我们东方的西方，和美国的西方也不一样。当年释迦牟尼佛宣讲《佛说阿弥陀经》时，地球的自转是上午、下午还是中午？是夏天，还是秋天？是什么时候？我们都不知道。但那个时候就有一个方向是西方，佛认为，西方极乐世界就在这个方向。

刚才你说的是对的，在太空当中要确定一个确切的西方是不太现实的。当时佛在讲法的时候说西方在这边，就是告诉大家，这边有西方极乐世界，应该是这样的。如果要明确定位西方极乐世界是很难的，不好确定是在什么地方。佛经里讲，是超越了成千上万的宇宙的一个世界。

佛教世界观很早以前就讲过。《华严经》当中讲了很多很多的世界，有些世界是有阳光的，有些世界是没有阳光的；有些世界的人身上发光，有些世界的植物身上发光；还有些世界的人和植物没有光，就像我们的世界一样，要靠太阳的光，等等。这就是佛经讲的三千大千世界。在超越了这么多的世界之后，有一个西方极乐世界。按照佛经的意思，西方极乐世界是一个像我们现在的地球一样确确实实存在的世界，但是没办法说确切的位置。我想释迦牟尼佛在讲这部经的时候，西方就是西方极乐世界。

H 说到西方极乐世界，有朋友问我，你们都说可以去西方极乐世界，怎么去呀？是诺亚方舟还是宇宙飞船？他们会觉得很奇怪，人都已经去世了，怎么去西方极乐世界呢？

A 人的肉体不会去西方极乐世界，所以也不需要诺亚方舟和太空飞船，什么都不需要。去西方极乐世界的是人的意识，比如说人的身体是一棵树，我们的意识就是树上面的一只鸟，树倒下了，鸟就会飞走。我们的意识可以瞬间从这里搬迁到另外一个地方，有可能比光速还快，不需要什么交通工具。人在这个地方的业力结束了以后，就不会再停留在这个地方，而会继续被业力牵引到其他地方，我们的业力在哪里成熟，瞬间就到这个地方投生。

H 感谢慈诚罗珠堪布今天给大家答疑和解惑，也感谢各位观众朋友的热情提问。由于时间关系，我们这期节目还是要先告一段落了。感谢大家，我们下期节目再见！

生命终将归于解脱

——《慧灯·问道》“生活篇”第 6 期

H 各位观众朋友们，大家好！欢迎大家收看《慧灯·问道》栏目。上一期的节目中，慈诚罗珠堪布就佛法与生活的主题，为我们进行了精彩的答疑解惑。在这一期的节目当中，我们接着这一主题，请慈诚罗珠堪布与我们进行互动。掌声有请慈诚罗珠堪布！

1

Q 堪布您好！关于基督教和佛教，我有一个问题。基督教比较积极主动地宣传它的修行是简单有效的，要求不是那么多，不是那么复杂。佛教的修行反而比较复杂、要求比较多、时间比较长，导致有些人会灰心，觉得自己可能一辈子都达不到解脱，等等。您怎么看待这个问题？谢谢。

A 佛教里有一个“人天佛教”。在佛教的历史上，大家都不是很重视人天佛教，更重视的是小乘佛教、大乘佛教。因为小乘佛教和大乘佛教的修法可以达到一个比较高的境界，所以大家都去修；而人天佛教没有太多的修行，也没有太多的要求，所以没有受到大家的重视。人天佛教的要求就很简单，第一，它的观点是相信因果、相信轮回；第二，它不讲佛教里的空性等；第三，它对行为上的要求也很简单，只要尽量行善断恶；最后，它会提供一部分比较简单的禅修，除了这些以外没有太多要求。就像基督教一样，因为它的方法都比较简单，很多人也觉得这个适合自己。

因为现在的社会，很多人很忙碌，生活压力、工作压力都很大，所以要学太多东西的话也比较难；还有一点，就是大家都比较关注现实的、眼前的问题，对于解脱和成佛，可能很多人就觉得离自己很遥远。而佛教有些修行比较枯燥，也烦琐，这样很多人就觉得自己本来就那么忙，现在又要修那么多，给自己增加了压力，就不愿意接触。但还有另外一部分追求比较高端的修行和智慧的人，佛教就比较适合了，不过这种人毕竟是少数。释迦牟尼佛当时也是因为考虑到这个，所以除了大乘、小乘以外，他也推广人天佛教。这个确实比较重要。

H **谢谢堪布。如果一个普通人修了一辈子的人天佛教，这能给他带来什么样的利益和好处呢?**

A 因为（人天佛教）对他的要求不高，他的修行也没有那么复杂，所以他的结果也是很简单的。那他能不能解脱？不能。他能不能成佛？不能。他能不能往生西方极乐世界？也不能。那他可以怎样呢？可以这一世、下一世、再下一世，不堕饿鬼、地狱、畜生道，他可以再一次投生到人和天人当中，可以享受人天的福报，但生老病死的问题不能解决，这个就是他的果报。

2

Q 堪布您好！有的师兄说，如果我们看到听到的所有东西，都能在阿赖耶识上种下种子的话，就不能去像教堂、道观这些外道的修行场所，因为这样也可能会在我们的阿赖耶识上种下外道的种子。请问是这样吗？如果真的有这些影响的话，当我们日常生活中遇到一些情况，比如说，迫不得已一定要跟亲朋好友去这样的外道场所的时候，我们应该怎么处理呢？谢谢。

A 这个没问题的。比如说外道的教堂，实际上就是一个建筑物而已。一个非常漂亮的建筑物，去看一看，没问题。或者我们去看看《圣经》也没有问题，佛教也是允许的。但是佛教有一个要求：作为佛教徒，首先学佛需要多看佛教的经典，把自己的基础打扎实了以后，然后再去看外道的书籍，这个佛经里面说得非常清楚，是没问题的。那基督教或者是伊斯兰教的经典都可以看的话，进教堂也没问题的，可以去。

Q 好的。谢谢您。

A 我觉得如果不去看的话很可惜的，国外的教堂都是很漂亮的，我经常去。

3

Q 堪布您好。以前我没皈依的时候很喜欢旅游，到各个地方都会收集一些加持品，比如说十字架呀，道教的纸符等东西。那我皈依以后，不知道怎么处理这些东西。

A 如果你皈依以后还是喜欢这些东西的话，那放在你家里应该也没有什么问题；如果没有以前那么喜欢的话，可以当作礼物送给朋友。

4

Q 尊敬的堪布，我有两个问题。人学佛学到最后，是不是就没有喜怒哀乐了？可是我觉得人有喜怒哀乐很正常啊，大家不是常说，喜怒哀乐是人类生活一道亮丽的风景。可是佛法为什么非要让我们放下呢？我也觉得放下之后好像对什么东西都不感兴趣了，是不是这个人就会变成一个木头人了？

A 佛教不是要求我们放下所有的喜怒哀乐，实际上也放不下。很多时候，我们的喜怒哀乐跟我们的意识是分不开的，所以也不是完全放下。喜怒哀乐也并不一定是不好的事情，这里面也有一些好的事情，所以佛教不是要求我们一下就要放下这些东西。

我们的意识，比如喜怒哀乐这四个字当中的“喜”和“乐”是我们大家比较喜欢的，佛教也从来不会否定生活中存在喜和乐。但佛教告诉我们，我们现在的喜和乐非常短暂，而且我们所有的欢喜和快乐里面其实掺杂了很多不欢喜、不快乐的因素，所以在我们的人生当中，几乎找不到一个绝对的喜悦和快乐，只能是相对的喜和乐。因此希望我们通过佛教的训练（也就是修行）把意识再提升一下，在上面有更高级的、更高端的欢喜、喜悦和快乐。

当然，很多人听到这个话时，不能理解。我举个例子，在一个小孩儿的生活中、记忆中，甜味儿就只有吃甘蔗时的甜味，他从来都没有吃过像蜂蜜、巧克力等的甜品。当有一天我们告诉他不要去吃甘蔗，还有蜂蜜等其他更好的甜味儿时，他可能就有点想不通：如果不吃甘蔗，那生活当中就没有甜的东西了；如果生活当中永远都接触不到甜的，那活着有什么意义等，他会这样认为。但是他没想到如果不吃甘蔗，还有很多其他的味道是甜的，而且很多都比甘蔗的甜味儿还好。同样的，我们现在就像这个小孩儿一样。在平时的生活当中，我们感觉到的快乐和喜悦，是通过物质刺激我们的感官而获得的，我们就只有这种快乐；并且我们认为所有的快乐就是这个快乐，如果这个快乐没有了，那就等于我们的生活没有快乐了，这样活着有什么意思呢？我们不就变成木头人了吗？人生的意义是什么？但如果有一天，我们的智慧和意识提升了，在我们现在能够接触到的喜悦和快乐上面，就能感受到更广的、更深的、更好的喜悦和快乐。佛教里把这个叫作大乐。这个喜悦可以利益自己，也可以利益别人，就是自利利他。

总结一下，我们可以这样理解：佛教从来没有要求我们在现实生活当中放弃喜悦和快乐。当然，没有怒、哀更好。佛教认为我们意识能够接触到的所有的东西，其实是有很多负面作用的。如果能够离开它是最好了，我们根本不用担忧离开了这个是不是就等于没有喜悦和快乐，生活中还有更好的喜悦和快乐。

Q 第二个问题，有些人学佛之后就变得越来越冷漠。比如说不结婚，违背父母的意愿出家，把父母气病了，甚至父母亡故他也绝不反悔、不能妥协。这种做法对吗？另外，据我所知，寺院里好像有明确的规定，如果没有家人同意是不可以出家的。如果说出家需要家人的同意、父母的同意、配偶的同意，那么历史上是不是就不会出现像释迦牟尼佛、虚云大师这样的人物了？因为他们在出家之前也遇到过类似这样的问题。我们作为普通人，在这件事上如何取舍呢？

A 你说得对，但这不是寺院的规定，而是佛教的戒律中就有这个规定。一个人想要出家的话，首先需要父母的同意，如果有配偶还需要配偶的同意，就是离他最近的这些人都要同意。在同意的情况下出家，那这是最完美的出家。他出家以后没有留下任何不好的东西，大家都是高高兴兴的，这是最好的。原则上，佛教的戒律里面有这样的要求。

第一个问题，比如说你有欠债，那你要把这些债全部还掉了以后才能出家，不可以带这么多的债出家。还有就是出家的时候，在过去还需要国王的同意，更需要父母的同意。不同意就不能出家，这个是戒律上有的，这是一个完美的戒体。如果父母不同意，配偶也不同意，在这种情况下算不算是出家呢？还是算出家的。在这种情况下出家、受戒，能不能得到戒？可以得到戒。他出家是有功德的，但是同时有一点不完美的地方，有一点罪过，可以这么说。所以佛教就认为，最好是这些人同意了以后再去出家。如果没有同意的情况下出家，也可以得到戒，同样也可以出家，但不是很完美。

第二个问题，你刚才提到有些人学佛以后越来越冷漠，不考虑父母，也不考虑儿女，一时冲动地出家，这在佛门里面是比较反对的。有一个故事，释迦牟尼佛的故乡，现在就是在印度和尼泊尔的边境上，当时叫作迦毗罗卫国。这个迦毗罗卫国的国王是释迦牟尼佛的父亲。在释迦牟尼佛的故乡，绝大多数人都是佛陀的亲戚。后来因为前世的因缘，这个城市里面发生了一次大规模的屠杀，血流成河，很多男人死于这次屠杀。有500个女人因为当时受的刺激特别大，就出家了。一两年后，当她们的心灵创伤慢慢淡了，她们又陆陆续续全部还俗了。这是这条戒律的来源，缘起就是这样。所以佛教里就讲，一时冲动出家是不对的。一个人不考虑父母，也不考虑儿女、配偶，什么都不考虑，一时冲动下出家，这是不对的，不是很好的出家，是有问题的。如果他不是一时冲动，而是想了很长时间：尽管现在跟父母、配偶、家人在一起，也可以帮助到他们一些，但当他们面临像死亡这样的问题时，自己一点办法都没有，帮不上忙；如果像现在这样（不出家）下去的话，自己的问题都解决不了，更多的人的问题也解决不了，连家人都没办法救，怎么救更多的人？所以应该去寻找另外一个方法，找到这个方法以后再回来报恩，再来帮助他们。如果真的是有这样的想法的话，他暂时没有管父母、配偶、小孩，自己走了，那也是可以理解的，当初佛陀也是这样。释迦牟尼佛出家前看到城外有太多的老百姓，有生、有老、有病、有死，尽管他的国王父亲强烈反对，儿子、配偶也都不同意，但佛陀觉得这样下去自己也帮助不了他们，还是要去寻找一个更好的方法，可以解决更多人的痛苦的方法。虽然自己走了以后，他们可能暂时不理解，也可能导致他们的心灵受到创伤。但这是暂时的，自己最后找到这个方法的时候，就可以更好地帮助他们。如果看远一点是可以理解的。

打个比方，佛陀的那个年代很多商人会出海去寻宝，如果他们找到了宝，回来的时候就可以赚很大很大一笔钱。可是他们的航海过程非常危险，如果平安，也要三年、五年以后才能够回来。所以他们离开的时候，家人还有所有的亲戚朋友都非常担心，他们也特别痛苦。但是还是有些人不顾一切去寻宝，即使父母、配偶和朋友阻碍他，他也不听就走了。他知道这条路有很多的风险，也不确定是否能够平安地回来，但是为什么还要这么做呢？他最终还是为了这些人。他想这样可以赚钱，可以给他们一个更好的家，一个更好的生活，所以他决定要走这条路，这样的心情和选择是可以理解的。

出家也是一样，如果真的有这种想法和发心的话，那是他的选择，我们应该尊重。虽然人走了确实会让家庭出现一系列的问题，但是暂时就只能这样，可以理解、尊重他的选择。

但如果是刚才讲的一时冲动，那是不对的。所以像这样冷漠啦，然后去出家，这个对和不对……我觉得还是要分开讲，这里面有太多的情况。

还有变得冷漠的问题。比如我们有些人，以前经常约朋友在一起逛街、购物、吃饭，学佛以后，参加娱乐活动越来越少了。别人就觉得这个人怎么一下就变成这样，他们不理解，觉得这个人很冷漠。但是这个也要看情况，比如说，两个小孩本来就是有病的，平时他们两个一直在一起玩耍。有一天，其中一个小孩发现有一种药可以治他们两个的病，于是他很认真地去学医，这时他就不像以前那样跟另一个小孩儿一起玩儿。另外一个小孩儿就觉得，他怎么一下子变成这样了，为什么不理我了，为什么不跟我一起玩了，为什么这么冷漠了呢？实际上学医的小孩的想法是，这样继续下去我也帮不了你，你也帮不了我。那我认真地去学习，最后我们两个的病痛问题都可以解决。所以我要认真一点，要在这方面努力，没有太多的时间跟你一起玩儿。如果是这种想法的话，那确实是可以理解的。

另外一个问题，就是有些人学佛学得有点偏，太教条。学佛以后不跟人来往，认为自己学佛以后，参加娱乐活动、跟朋友一起去吃饭、逛街都是罪过等。这个确实是路走偏了，如果他真的是学佛修行，没有时间的话，倒也可以理解。我觉得这里有对的，也有错的，我们要把这个分开讲，这样理解就应该比较正确。

H **感谢您给大家的开示。我听到的意思就是：离开是为了更好地回来，放下是为了更好地提起。有时候我们说，学佛之后会变得冷漠，但实际上菩萨是最有情感的，他们每时每刻，心心念念想的都是别人而不是自己。因为他们心怀众生，所以他们会跟众生同体大悲、同体大慈。**

A 对。

5

Q 尊敬的堪布，您好！女儿的孩子今年十三岁，自私自利。其实我们也经常给她讲《弟子规》，她也学了很多，受了一些启蒙教育，但效果不好，孩子的妈妈就挺着急。请问堪布，应该怎么教育孩子？

A 孩子两三岁的时候，父母的教育是非常非常关键的，这叫家庭教育。犹太人教育孩子的方法，确实非常有效，他们有很多的方法。我们有些家庭，父母没有故意地去教孩子学佛等，但是因为父母本来是学佛的，然后小孩从小看到父母学佛，自然也就有了这个信仰。这就是我们平时讲的身教，身体的教育。这确实是有非常大的作用，在这个方面努力，我想应该会慢慢改变的。此外，虽然小孩在家里是这样，但是还有大环境的影响，比如学校的教育，以及同学和老师的影响。有时候这些力量，可能会超过家庭教育的力量。但家庭教育还是非常有用的，确实有很多这方面的理论。不仅仅是理论，我们就有很多活生生的例子，所以家庭教育非常重要。还是努力吧，努力还是会有效的。阿弥陀佛！

6

Q 堪布您好！刚才说到基督教还有伊斯兰教。基督教有《圣经》；伊斯兰教有《可兰经》；佛教有《大藏经》等经书，还有好多书籍是后来佛陀的弟子根据自己的理解写的。有好多人说，它们都不是佛陀讲的，所以不是最初的佛教。这个问题怎么看？

A 佛教的书籍确实是太多太多了。一个人不用说学，光是念，一辈子、两辈子、五辈子可能都念不完、读不完。但是你是不是一定要读这么多？也不是。佛教也完全可以用一本书来代替，比如《大圆满前行·普贤上师言教》，这本书里从最基础到最后的修行过程，全部讲得非常清楚。如果在这个基础上再补充最后很小一部分的修法，那么这本书就会成为一个非常完整的系统化的修法。所以其他都不学，只修这一个是没问题的。还有宗喀巴大师的《菩提道次第广论》，这本书也把整个修行的次第、修行的方法，有序地、系统化地讲得很清楚。佛教里面也有把整个佛经的精华全部集中在一本书里的，然后你就学这个、修这个，其他都不看、不学的话也是可以的。

但是佛教为什么有这么多书籍呢？因为佛教要适合不同人的根机，就是口味。要度化不同人，就要有很多的书。比如汉文版的《大藏经》里，就把最初佛陀自己讲的、弟子们记录下来的一部分和后来高僧大德、祖师大德们写的，都放在了一起。而藏文版的《大藏经》，这两个内容是分开的，都是非常非常庞大的书籍。如果不想学这么多的话，也没问题，其中也有很简单的。比如我刚才讲的这两本书，就完全够一个人一辈子的修行。如果喜欢简单的话，也可以这样。

Q 那您刚才讲的这个《大圆满前行·普贤上师言教》。如果我们想深入地去学习修行的话，是不是就把这一本书当成主要的蓝本？因为您的《慧灯之光》我也读了三四册，我可不可以把《慧灯之光》和《大圆满前行·普贤上师言教》结合起来看？因为之前我也看好多别的书，看得太多了有点找不着头绪。

A 嗯,《大圆满前行·普贤上师言教》里面讲了很多藏族人的问题，还有他们不如法的地方，他们的生活方式，等等。把这些去掉了以后，它的精华就是真正修行的部分。《慧灯之光》最早版本的第二册里讲的是加行，修前行。这个跟《大圆满前行·普贤上师言教》的内容基本是一样的，再加上我们现代人生活里会发生的一些事情，其他的主要内容都是一样的。如果喜欢简单的话，这样也可以。

人本身的根机不一样。佛教里讲有两种人：一种是喜欢非常复杂，想学很多很多东西，想了解很多东西以后再去修的人。为了这些人，佛教里有很多像五部大论等的书籍、经典特别特别多；另外一部分人，不喜欢太烦琐的东西，喜欢简单的。这种人不需要学这么多东西，就学刚才我讲的这些书。学好了以后再一步一步地去修、消化，最后也可以成就的。

H 好的，我们再次感谢慈诚罗珠堪布做客我们的《慧灯·问道》节目。感谢大家，下期节目再见。

心变了，一切都会变

——《慧灯·问道》“生活篇”第 7 期

H 各位观众朋友们大家好，欢迎来到《慧灯 · 问道》节目。上一期节目当中，堪布对我们进行了生活和佛法这个主题的开示。因为我们对生活和佛法还有很多疑问，所以就再次请到慈诚罗珠堪布，同大家进行互动和交流，让我们掌声有请慈诚罗珠堪布！

1

Q 堪布您好！随着我们学习得越来越深入，很多年轻的弟子都知道人身难得，都生起了这样一个重要的感受，但是大街上、公园里，有许许多多的老人把本来应该用于修行的时间，用来跳舞、唱歌、打麻将、上网。许多弟子觉得很可惜，您对这一类人有什么开示呢？谢谢。

H 您对广场舞有什么开示呢？

A 广场舞其实挺好的，老年人如果没有这些兴趣，整天都在家里的话，他也不知道这个日子怎么去过。我们平时也讲，有些人觉得佛教的人生观是消极、悲观的，其实根本不是。如果有了佛教的人生观，就算是七八十岁的人，也有自己的奋斗方向，有自己的追求和理想。所以跳不跳广场舞，根本无所谓，他还有其他的事情可以做。但是如果他认为人死了以后什么都没有了，一切都结束了，那么没有广场舞的话，确实不知道这个日子该怎么过了。

有些老年人奋斗了一辈子，赚了一点钱，但他现在的身体不像年轻的时候，出国旅游觉得不舒服；吃好东西也感觉不出来以前的味道，觉得整个世界变得没有色彩。这时很多老年人非常痛苦，就是一天一天等死，所以没有追求，没有什么理想可谈，确实是很痛苦的。这时候他们到公园里面去打麻将也好，跳广场舞也好，到郊区走一走，我觉得都是很好的方法。

如果他们能够学佛的话，那当然更好了，但我觉得这个有点难。因为在七八十年这么长的时间当中，他们一直没有生死轮回和因果的观念，一辈子根深蒂固。他们学习的条件，各方面都比较差。在这样的情况下，让他们改过来，也不好改。既然改不了，就只能这样，我觉得这个没有什么，就顺其自然了。

Q 堪布您好！我对自己现在的生活有特别深的不安全感，忍不住担心自己未来的工作、生活、婚姻、养老问题。我觉得，可能自己福报不够，所以现在才会活得这么辛苦。我以前对佛法也充满热情，但最近这段时间感觉生活压力特别大，完全没有时间和心思投入闻思修，甚至不想听别人说“放下，这一世的生活其实是没有意义的”，因为我觉得挺有意义的。所以我对自己现在的状态也挺不满意，但是又不得不为了生活去奔波。请问堪布，对我这种愚昧无明的，还是挺期待这一世的生活能够好一点的人，有什么建议吗？

A 这也是一个非常有代表性的问题。这不是一个人的问题，可能有很多很多人都是这样。对未来焦虑、担忧，这对现代人来说是很普遍的现象。你刚才问到这个是不是没有福报，不一定是没有福报。对未来有一点焦虑、担忧，这个是很正常的，大家都有的。但是太多的话，可能就有问题了。我们过多地担忧未来，这叫作焦虑症。也许我们心理上稍微有一点点问题，但这个问题不严重，可以调节。

其实，佛教里面就有很多很多调节的方法，可以用这些方法来调节一下。还有你必须要告诉自己，我们对未来的很多担忧是没有必要的。心理学家研究过，我们对未来所担忧的事情当中，70% 都不会发生的。但是我们自己想得太多了，把一些很小的事情想得不可收拾，再搞不好的话，可能发展成焦虑症，焦虑症再发展，最后就是抑郁症。如果觉得自己的担忧有一点过度，有一点不正常，就必须要从源头上调整、解决。

不管你是学佛，还是好好地工作、生活，首先必须要有一个健康的心理，这是最重要的。就像我们用电脑做事，首先必须要有一个很好的软件，才能够处理这些问题。如果软件落后或者是有病毒，工作效率就不高，甚至是没办法工作。同样，我们人的软件就是我们的心理，这个必须要健康，信不信佛、学不学佛是另外一回事。如果心理不健康的话，就没办法工作，也没办法好好地生活，也就更没有办法学佛了。因此，心理的健康是每一个人必须要有的。

所以，这种人首先要做的事情，就是调整自己的心态。调整的方法就是修禅定、禅修。佛教中讲，所有的心理问题都可以通过禅修来解决。这在两千五百多年前就讲过了，不但以前讲过，最近十多年，西方又投入了很多人力和物力去反复实验，最后证明禅修完全可以改变一个人内心不太好的想法，完全可以治疗抑郁症、焦虑症这些疾病。所以你现在要做的就是打坐、禅修，把心态调整好，好好调节一下再去面对，没有必要那么消极。学佛也好，生活也好，各方面都会有进步的。只要心理健康，很多问题都可以解决。心理不健康的话，本来实际情况没有那么严重、没有那么糟糕，但是自己认为未来没有希望了，活着没有意义了，这是很危险的。所以首先必须要解决这个问题，解决了以后，其他都比较好说。这不是福报的问题。

你刚才讲，不想听别人告诉你生活没有意义，要去学佛、修行……这种情况下确实是这样。一个人很渴的时候，别人跟他说，喝水是没有意义的，不如干脆去修行，那他不但不愿意听，还会很反感、很反对。一个人饿的时候也是一样，你跟他说，吃美食是没有用的、没有意义的，那他当然是听不进去了。所以佛也是，你喜欢听什么，就给你讲什么，逐渐逐渐地引导你，让你进入更高的境界，一步一步地上，这样才会成功。所以，其实佛也没有说生活是没有意义的。生活当然很有意义，但是有意义和没有意义最后还是要看你自己的选择。佛教里面讲人身难得，如果你选择好了，那我们的人生就是非常有意义的人生。所以我们首先要把心调节好，重新面对生活、工作，再去修行。学佛不需要放弃生活当中的一切，你也可以去赚钱，去工作，同时也要学佛。这样一步一步来，生活方面有保证，学佛方面也会有一些进步，我觉得这样比较好。

H **好，谢谢堪布。您刚才在讲这个问题的时候提到了打坐，我想可能不光是现场的观众朋友，还有将来看到这期节目的朋友们，他们可能也想学打坐，他们应该去什么地方了解这些知识呢？怎么用这个初级的方法给他们讲解一下？**

A 关于初级的方法，在佛教的修法里是讲得很多的，藏传佛教、汉传佛教、南传佛教都有。但有一点值得我们注意的是，现在这种禅修的培训班特别多，以禅的名义搞了很多很多的活动。未来的一段时间当中，禅会很流行，但同时也许会很乱。所以我们要修禅的话，必须要到正规的佛教书籍里面去找，不管是藏传、汉传、南传都可以，那里面讲得很具体的。在汉传佛教里叫作四禅八定，在藏传佛教里叫作寂止的修法，南传佛教里平时叫内观，实际上内观里的一部分就是四禅八定的初级修法。四禅八定的这个修法，如果全部去修很深奥，也有点复杂。如果我们只是要解决一些心理上的问题的话，不需要那么深入，可以学习一些比较基础的东西。在《慧灯之光》里也反复讲过，有书和视频，都可以参考。

H **就是大家先通过一些正规的佛教经典或者是书籍学习知识，然后再在正规方法指导下进行打坐比较好。**

A 对，这样是最安全的。

3

Q 堪布您好！因为现在生活很富裕，不管是亲朋好友聚会或者是工作应酬，大家都喜欢吃大鱼大肉。我自己喜欢吃素，又觉得自己没有能力去度化这些人，所以就不太愿意参加这些聚会，甚至有时候回老家也不敢告诉亲朋好友，免得他们邀约，自己不参加又会得罪人（其实已经得罪不少人了）。但是有时候转念想想，不去的话，他们照样吃大鱼大肉，而自己去的话，起码还能够念点观音心咒，帮他们消一点罪业，或是帮忙超度这些死去的动物，甚至有机会跟他们分享一些自己的心得，慢慢地影响他们。但如果去参加，会不会自己也要承担这一桌子的杀生的因果？遇到这些情况，请问堪布怎么样做才能更如法一些？

A 我觉得应该去。如果他们吃活的，你去参加会不会也得一部分罪过？不会的。因为你去的时候就有心理准备，自己只是参加这个聚会，不会去吃活的。开始就有准备的话，就不会有罪过。佛经里面就有一个案例，打仗的时候，其中有一个人不想杀人，但是有人强制性地让他去当兵打仗。如果他一开始就有不杀人的决定，那么这个人在军队中、在战场上，（看到）其他人杀了很多很多人，他有没有罪过？没有，就是因为他下决心不杀人了。同样的道理，虽然他们吃了很多的活物，杀生了，但你有不吃的决定，那就没问题。

你刚才讲，给他们念念咒，分享一下自己学佛的心得，这样对他们也有帮助。从另外一个角度讲，佛教徒没有学佛的时候是跟大家一起聚会的，学佛以后就不参加任何这些活动的话，他们就会把佛教徒看成另类，这样影响也不是很好，我觉得应该参加。

Q 好的，谢谢堪布。

A 不会有罪过的。

4

Q 堪布您好！我们有时候看到有些穿着僧衣的藏地师父，带着妻儿来汉地传法。有一些仁波切以前是出家人，后来还俗结婚了，但还穿着和出家时一样的僧衣出来传法，我们应该怎么看待这个问题？

A 藏传佛教的僧人有两个身份，一个是出家人的身份，另外一个是在家人的身份。在家人的身份，都叫作瑜伽士。当然，“瑜伽士”这个词不能用到一般的在家学佛的人身上，内心的修证境界比较高的在家人才能叫作瑜伽士。

不仅是藏传佛教，汉传佛教里面也有出家的修行人和在家人。比如说，在家的居士里面，近代汉传佛教的历史上，像黄念祖老先生这样非常好的修行人，就不是出家人。不是出家人不等于没有修证，也有某些在家人的修行境界高于一般的出家人。

除了藏传佛教和汉传佛教以外，印度佛教也是这样。印度佛教里有八十四位成就者，这八十四位成就者的传记，现在网上应该都有中文的，大家可以看看。那八十四位成就者几乎都是在家人，而且他们的工作都是很奇奇怪怪的。汉传佛教里的六祖惠能大师，他开悟的时候还是在家人。在藏传佛教里面有一些成就者，修行非常非常好，大家公认的很了不起的上师，就不是出家人。

但是并不是说所有都是这样。你刚才讲的，带儿带妻到汉地来传法的藏地师父，他到底传了什么样的法，这个不知道。在家的修行人当中也不一定都是我刚才讲的，这里面可能也有各种各样的人。他们来传法，要先看传了些什么法，传的是不是正法。如果他传的真的是正法，那在家人可不可以学习呢？可以学习，没有问题。大乘佛教和密法里面都有很明显的记载，完全没问题。但是，如果内心的修证没有达到这种境界，就需要我们进一步地去观察。还没有观察好之前，最好不要去接受灌顶和密法的传承。

你刚才提到，有些出家人还俗以后还穿出家的衣服。以前，在藏传佛教里，出家、在家的衣服有一个非常明显的差别。在家人的披单是白色的，因为印度早期，白色就是在家人的衣服的颜色。我们现在穿的这些，印度当时的在家人不怎么用。当时就有一个不一样，比如披单，我们就穿这样的红色，瑜伽士的话就是白色的，但是穿这种衣服的人现在不是很多。为了方便，大家都穿披单。还有出家人的裙子上面有一条一条的，因为佛陀的年代，经济也不是很发达，有时出家人穿这个衣服去野外会碰到一些强盗，他们的衣服就被抢了。佛陀就干脆把衣服切成一块一块的，这样在家人就没办法用了。我们把衣服切成一块一块，然后再把它连起来，就变成了出家人的一个比较特殊、比较有特色的衣服，在家人也不会用。佛陀就制定了一个这样的戒律。

现在，藏传佛教的在家人和出家人裙子的颜色没有不一样了，唯一的不同之处就是这个条。出家人就有这个横的竖的一条一条的，在家人没有这个条，这就是唯一的区别。不懂的人从外面看起来就像没有任何区别一样。最近有些人还是要求在家人穿密法里面在家人的袈裟披，这样就比较合适。但传统上一直是这样，一时要改过来也有点难度。实际上是有区别的，但不是很了解的人就看不出太大的区别，就是这样。

5

Q 感谢堪布。自从学习佛法以来，我认为自己在闻思修的各方面都做了一定程度的努力，也取得了些许的进步。但有个地方做得一直不是很好，就是没有更好地把自己学到的佛法融入个人的工作生活中。这个状态就是，如果我意识到了我现在是在上座修，或者我意识到了我现在是在修行，我在做功课，那我可能内心就会清净很多。但在工作和生活中遇到很多不顺心的事的时候，贪嗔痴慢这些粗大的烦恼还是会一下子生起来。我也听过您在其他场合的一些开示，您告诉我们，让我们不要急，慢慢来。但我觉得这是您慈悲心的体现，我们作为佛弟子不能因为您特别慈悲就对自己没有要求，所以我觉得要不然您严格一点儿，对我们提一点儿明确的要求，就是应该怎么样去把握自己的修行，真正把佛法融入生活的节奏？谢谢堪布。

A 对，佛法融入生活，这其实是一个非常重要的事情。首先是要自己学，我们心里有佛法的时候，才可以把这个东西融入生活中；如果我们内心当中根本没有佛法，那就没有什么东西可以融入生活中了。

那佛法是什么呢？佛法很简单，就两个，第一是有智慧。智慧不是我们怎样去赚更多的钱，而是超越我们世俗智慧层面的超凡智慧。第二就需要有慈悲心、有菩提心。有了这两个“心”以后，你的生活自然就会改变，内心改变了以后，一切都会改变的。凡是没有从内心得到的改变，都是临时的、造作的、靠不住的。比如你内心当中没有想这么做，但因为各种各样的原因而这么做了，那两三天以后就没办法再坚持了。

很多人说，我不需要上座修行，我在生活当中去修行。这个听起来是很有道理，但实际上真正要落实是没有办法的。所以我们每天必须抽出一点时间去打坐、锻炼，然后把慈悲心和智慧装在自己的心里。这样我们在生活和工作当中遇到问题的时候，才能随时随地用慈悲心和智慧来面对、来解决、来处理，这就叫作把佛法融入生活。所以不管怎么样，一定要打坐、修行。就像一个体育运动员如果想拿世界冠军，首先必须要用一段时间闭门锻炼。什么都没有学好的时候就去比赛，怎么可能拿到冠军？同样的道理，我们边工作、边生活，然后抽出一个比较适合的时间去打坐修行。打坐修行有一定进步的时候，再融入生活中，才是对的。不打坐、不修行，一开始就到生活里面去修行，这个是很难的。

H **所以这个打坐就像是运动员封闭式的训练，训练好了再上场。**

A 对，就是这个意思，一样的道理。

H **好的，非常感恩慈诚罗珠堪布今天给我们做的答疑和开示。我相信大家还是意犹未尽，但是时间有限，这期节目只能先告一段落了。不过咱们更多的精彩互动，下期节目接着继续。**

第贰章

实修篇

带着智慧行走

寻求内心的平静

——《慧灯·问道》“实修篇”第 1 期

H 各位观众朋友，大家好，欢迎收看《慧灯·问道》节目。有这样一则公案：冈波巴大师在经过几年的闭关修行后，要离开他的上师米拉日巴尊者。临行之前冈波巴大师向米拉日巴尊者请教了最后一个法教，米拉日巴尊者说：“我有一个非常殊胜的秘密法教，因为它太珍贵了，所以始终不能随便给人。”话音刚落，米拉日巴尊者突然转身弯腰，撩起了他的破衣烂衫，露出了像马蹄一样坚硬且疤痕累累的屁股，那是因为长久在坚硬的岩石上打坐而形成的。米拉日巴尊者说：“我的心子，这就是我最后的法教，认真去做吧！”像米拉日巴尊者这样的大师，也如此强调实修的重要，那么作为我们就更应该仔细地研究一下，实修到底是什么？它能给我们带来什么？

今天我们有幸请到了慈诚罗珠堪布做客《慧灯·问道》节目，下面就掌声有请慈诚罗珠堪布！

感谢慈诚罗珠堪布做客《慧灯·问道》节目，刚才我们提

到了米拉日巴尊者非常强调实修，所以想请您给大家讲一讲什么是实修，实修的意义是什么。

A 佛教主要的核心内容是慈悲和智慧。这些内容我们可以从书本上学习，但是通过书本学到的知识，在还没有被消化之前，永远都是属于写书的作者，而不属于我们自己。所以我们在佛经当中可以学到佛陀的智慧和慈悲，以及各种各样的佛教观点，但这些都不属于我们，我们只是了解而已。

佛教里面有一个比喻，有一个非常富裕的家庭，家里有一个佣人。佣人知道这个家庭有多少头牛，有多少亩地，有多少家产，他都清清楚楚。但这里面没有一个属于他，都是属于这个家庭的。

我们还没有实修的时候，虽然知道佛的智慧和慈悲是什么、学佛是什么、佛教是什么，这些道理都明白，但是自己没有这些东西。我们虽然学了很多知识，可真正面对现实的时候，生活和工作中发生的一系列问题却还是没有办法解决。因为书本上的知识解决不了实际问题。很多人也说，道理明白，但是做不到。我们自己也是，我们清楚应该怎么做，不应该怎么做；什么是可以做的，什么是不可以做的。但是扪心自问，知道应该做的我们去做了吗？没有。知道不应该做的，我是不是不会去做呢？也不一定。这是什么原因？主要是因为我们没有消化从佛经里所学到的知识。

佛经里面的知识，首先它是知识，然后要把这个知识转化为我们的感受、体验。这个转化的过程就需要实修，实修就是实实在在地修法。用佛教的话来讲叫作修行，翻译成现代人的语言就是心理训练。就像我们的肉体需要锻炼，如果不锻炼就容易生病。同样的，我们的心理也需要训练，这个训练的过程就叫作修行。通过修行，我们把书本上学到的智慧和慈悲变成自己的体会和感受，此时才终于拥有了自己的东西。

在此之前虽然学了很多，但都不是自己的，而是属于书本的。通过佛教的修行方法，逐个落实到自己的生活和工作中，这是很多人的目标。但是如果中间缺失了实修，就没有办法落实了，也没有什么东西可以落实。所以佛教的核心是闻思修这三个，而核心里的重点就是实修。

现在学佛的人中，有一部分人把烧香拜佛当作学佛，有一部分人经常到处去见上师、活佛、高僧大德，但是有没有真正属于自己的东西？没有。还有少部分佛教徒比较喜欢读佛经，学佛教知识，但是有个缺憾，他们如果没有实实在在地去修，遇到问题的时候，还是只能用世俗的手段和方法去处理，并不会用佛教的方法。他们仅仅知道佛教的知识而已，实际并没有属于自己的东西，这样就不能在实际生活中运用佛教的方法。

总而言之，无论是学南传佛教、藏传佛教，还是汉传佛教，我们佛教徒都应该知道，学佛的核心就是闻思修。“闻”就是听闻佛法，像佛法这么深奥的内容，如果没有人给我们讲解，仅仅靠自己拿一本书看，充其量只能理解表面的一些内容，其深奥的内容根本无法体会，所以需要去听闻讲解。当然，只是听还不行，还需要思考，反复地去思考。通过听闻和思考，确定应该怎样修、怎样打坐。包括我们应该以什么样的眼光看这个世界、看人生、看生活，这些都是要学习的。学完以后，再打坐修行，这个叫作实修。闻思修是非常重要的，无论大乘佛教、小乘佛教，还是显宗、密宗，都是一样的，真正学佛的核心就是闻思修，这个特别重要，而其中“修”是最重要的了。

H **堪布，您刚才讲了闻思修的过程，我突然想到一个比喻，不知道是否恰当。就好像是有人介绍馒头特别好吃，我看到馒头也的确觉得很好吃，也知道它的做法，但我需要去做，并且吃下它，然后经过消化，最后把它深入到我的血液和骨髓里，让它变成我的一部分，最终使我可以长高、长壮实，修行就是类似这样的过程吗?**

A 对，是这样。佛教里面经常提到一个比喻，一个病人知道自己得了什么病，也知道这种病应该用什么药来治，药也找到了，但是他永远只把药放在床头，不去吃。如果不吃，药没有办法被消化吸收，就起不了治病救人的作用。所以仅仅知道药的疗效是没用的，最终依然治不了他的病，这跟你说的比喻是同样的意思。

H **明白了，谢谢您。我们现场有很多已经修行了多年的师兄，还有一些初入佛门的朋友。大家在实修过程中，肯定都有形形色色的问题。今天可以跟慈诚罗珠堪布进行一对一的交流，特别难得，大家不要错过这个机会。**

Q 堪布您好！佛陀说以清净心布施一元钱，或者供养一杯水、一朵花，都有非常大的功德，但是对于像我这样烦恼比较粗重的人来说，在做这些事情的时候，虽然口头上说是为了利益无量无边的众生，但实际上根本做不到。所以请问，怎样才能够生起真正的清净心去做这些事情？

A 布施时的清净心主要指的是没有自私心、不求回报，就是完全无条件地给予，不带任何个人的目的。这个清净心应该是可以做得到的。

首先从最简单的做起。比如自己不穿的衣服，或者不用的东西，对你来说给出去了也没有什么损失，但是却可以帮助到其他人。这种情况下，就可以做到不夹带自私、不求回报，纯粹好心好意地送给别人，这就是清净心。虽然给的不是很值钱的东西，但是内心当中做到了纯粹的利他心，这样也是可以的。所以先从最简单的开始做，一步一步地做。

很早以前，藏传佛教的上师在训练布施的时候，就拿着很廉价的东西，比如一口饭之类的东西，把两只手当作两个人，首先把东西放在右手上，然后交到左手，同时说："这个送给你。"然后又把左手当作一个人，右手当作另一个人，把东西从左手交给右手，同时又说："这个送给你。"这个时候，实际上没有送出任何东西，只是一种训练。当把左手的东西放到右手，右手的东西放到左手的时候，心里想的是把一个真实的东西送给了别人，这就是心的训练。

《入菩萨行论》里讲，无论我们怎样给予，根本无法解决全世界所有人的贫困问题。一个人做不到，所有的佛教徒都去做，也解决不了。世界上有这么多慈善机构，以及政府、个人，还有佛教徒和其他宗教徒等都在做扶贫救助，却依然存在贫困人群，依然有人吃不上一顿饱饭便饥肠辘辘地入睡。这样的贫困人群多达几亿，永远解决不了。这种情况下我们需要做什么？就是训练自己的内心。如果有一天我拥有庞大的财富，我也可以轻轻松松地把财富送给别人。要把自己的内心训练到这种程度，这是我们的目标。

在这个过程当中，如果能够帮助到别人，当然就更完美了。但是我们没有这样的能力，佛也没有这个能力，人类历史上没有任何人能让全世界的人都脱贫，将来也不会有。我们能做多少就做多少，最主要的就是把自己的心训练好。

所以从最简单、最不值钱的东西开始慢慢地训练，最终连自己最需要的东西也可以无私地送给别人。

2

Q 堪布您好！祈请上师或者佛菩萨的时候，总是生不起信心怎么办？怎么才能生起信心呢？

A 对佛菩萨总是生不起信心，是因为我们不太了解佛是什么，菩萨是什么。需要多了解佛菩萨，可以看释迦牟尼佛的传记

和文殊菩萨、观世音菩萨等八大菩萨的传记。《大藏经》里有很多这方面的记载，还有专门讲八大菩萨功德的书。这些都有中文版，了解以后就会有信心。

对上师的信心也是同样的。如果对自己的上师生不起信心，最好的方法也是多了解上师的功德。知晓了佛、菩萨、上师对我们的恩德后就会生起信心的。

3

Q 堪布您好！我有个问题，我在打坐或者做功课、念经持咒的时候，心里会有杂念，有的时候会有一些奇怪的念头往上涌，有的时候心静不下来，这个怎么对治？谢谢堪布。

A 所有人开始打坐的时候都有同样的问题，这是很正常的。比如运动员、舞蹈家，他们刚刚开始学的时候，身体上都会有很多的不适应、疼痛。同样的道理，我们锻炼自己内心的时候，最初会有很多杂念，甚至还会产生诸如贪、嗔、痴这些不该出现的烦恼。因此，所有打坐的人都必须要做好充分的思想准备。

要做什么思想准备呢？首先要了解自己打坐的时候一定会面临这些状况，这个时候我一定要突破这道关隘，不能退缩。很多人以为打坐很容易，一下子心就可以平静下来，一旦遇到上述问题，因为不知道是正常现象，就误以为自己福报不够、业障深重，或者自己和禅定无缘，因此干脆放弃不修，知难而退。这是考验修行人的一道关，很多人都过不去，原因就是事先没有做好思想准备。所以你遇到这个问题是正常现象。

不过，问题还是必须要解决，解决的方法就是要学习禅修的方法。这个话题一两句话解释不完，《慧灯之光》的书和视频，尤其是视频里面有很多解决这些问题的方法，你可以参考。

总之，打坐时有杂念是很正常的，但是需要正确的解决方法。南传佛教、藏传佛教、汉传佛教里面都有介绍，方法有很多。《慧灯之光》里面也有一些比较简单的方法，你可以试一试。

4

Q 我在修加行的时候，经常会感到枯燥、没有意思，坚持不下去。我知道有些人磕大头可能磕了一两万个、三四万个，却半途而废了。所以想请问您，修行如何才能持之以恒？

A 让我们在修行的道路上，可以继续前进、不退失的动力首先来自于闻思。我为什么要修行？不修行我又会怎么样？这些都要事先了解好，这是很重要的。如果修行的时候，感到比较枯燥，觉得没有太大的意义，继而半途而废。出现这种问题可能是在修行打坐前，闻和思做得很不扎实，所以进入实修后，修着修着就不知道为什么要修了，这可能是一方面原因。

另一方面，你虽然在修行，但目前可能还没有什么体会，可能还要等一段时间，才会有修行的体会，才能尝到修行的甜头。比如说修无常、修空性，稍微有点感觉的时候，就会觉得非常有意思，下决心一定要去修。这个时候，即使有人劝你不要修，来阻止你的修行，你也一定会坚持修下去的。

你所说的情况，可能是这两个原因造成的，所以你暂时还要坚持一下。只要坚持，假以时日，打坐多长时间完全可以随心所欲，一定会的。比如说修空性，总有一天你会生起对空性的感受和体会；你可能在一段时间内会觉得修慈悲心比较枯燥，感觉不到真正的意义，但是只要坚持不懈，对慈悲心有一定体会后，你的修行就会进步，会越来越好，这个时候你一定会对修行产生兴趣。

Q 在修行过程中，往往刚精进修行不久，生活或者工作中就会碰到各种各样的事情，从而影响了我的修行计划。请问有什么办法可以改善吗？谢谢您。

A 你制定好自己每天的修行计划后，按照这个时间表来修。如果有一天你要出差，或因为特别的情况中断了，没关系的。这段时间你确实没办法修行，暂时搁置五六天、一个星期都没问题，回来以后立即再开始继续修就行。实在没有办法的情况下可以这样。

我想这种情况是难以避免的，因为每个人的工作压力都很大，每天都严格按照时间表去修，可能有一定难度。另外，你还可以调换修行的时间，比如本来计划早上修，可是现在早上不能修，那就可以换另外的时间修，这些方面也可以自己调整。

还有磕头，有些人以为一定要每天不间断地把十万个全部磕完，中间只要暂停一两天，之前磕的就全都不算数了。其实不是，这种非常严格的修法是在修本尊等密法的时候。像我们修四加行、五加行等平时功课的时候，没有这样的要求。所以你可以调整，没问题的。

5

Q 堪布您好！佛经浩如烟海，佛菩萨也数量众多，很多我们都没有听过，还有地球上的佛教圣地也很多。能不能请您给我们推荐一下：一生中一定要读的一本佛经、一定要念诵的一个佛菩萨的名号或者心咒，还有一定要去的一个佛教圣地，谢谢。

A 先说一说佛教的圣地。虽然有很多佛教的圣地，藏传佛教、汉传佛教都有很多，但是对佛教徒来说，最重要的就是释迦牟尼佛成道的地方——印度的菩提伽耶，这是所有佛教圣地当中最为殊胜的地方。其次就是释迦牟尼佛诞生的地方——蓝毗尼，这也是非常重要的地方。然后就是释迦牟尼佛转法轮的地方，以及佛陀圆寂的地方。以上四个就是佛教的四大圣地。

佛经里面记载，如果谁去朝拜了这四个圣地，即便造了再大的罪业也可以不堕恶趣，并且能够下一世解脱。功德是非常大的，所以这四个都非常好，但其中最殊胜的是印度金刚座，也就是菩提伽耶。

要推荐一本书，确实是有点不好说，因为佛教经论的数量非常庞大，而且里面讲的内容都非常重要、异常殊胜。但作为一个修行人，如果想了解普通人从入门逐渐修行到成佛的过程，可以阅读龙钦巴的《大圆满心性休息》。这部书介绍了从入门到最后修大圆满的完整过程，索达吉堪布已经翻译成中文了，是最完整的。还有一部宗喀巴大师著的《菩提道次第广论》，虽然没有讲到密法方面，但显宗部分讲得非常好。另外，《大圆满前行·普贤上师言教》这本书在介绍前行方面讲得也非常详尽。

总而言之，有些书只讲前行的部分，有些只讲显宗的部分，如果要找一部囊括了前行和正行、显宗和密宗全部内容的书，我觉得应该是《大圆满心性休息》，这是一本非常殊胜的书。

H 堪布您刚才讲到，去朝拜了与佛陀有关的四大圣地之后，即使造过恶业，因为朝拜的机缘，也有被消除的可能。我刚刚看到有些观众朋友会心一笑，看起来大家可能有类似的一些经历，也可能去过这些圣地。其实很多人去圣地的时候，抱的心态是不一样的，有些人可能是猎奇，想去看看那里到底有什么；有些人说，我想去旅游，那个地方很漂亮。作为修行人，去圣地时应该抱有什么样的心态才更有加持力呢？

A 如果修行人去圣地，应该到这些地方去打坐。比如在菩提伽耶，经常举行各种各样的法会，还有很多人在那里打坐、修行，南传的、汉传的、藏传的都有。如果是一个佛教的修行人去圣地，那不仅仅是去看一看、转一转，还应该进行一些如打坐、发愿等更深层的活动，这些是更重要的了。如果是一般的佛教徒，也可以发愿、供养等。在很多圣地都有殊胜之物，尤其菩提伽耶的塔里面珍藏有释迦牟尼佛的舍利。佛经里有明确记载，从几个方面来说舍利与佛陀是一模一样的。比如在释迦牟尼佛的舍利面前发愿和在释迦牟尼佛面前发愿，是完全一样的，另外供佛和供佛的舍利也是一样的。所以当我们去了圣地，首先就要供养，供灯、花、水果、香等。

更重要的就是发菩提心以及发愿。自己有什么心愿，包括生活上的，现在的、未来的，也可以帮父母亲人发愿，还可以给他们回向，这些都很重要。最重要的就是要发愿自己能够在生生世世中遇到大乘佛法，值遇大乘佛法的善知识，而且生生世世不忘菩提心，生生世世利益更多的众生。

所以，修行层次不同的佛教徒应该有不一样的朝圣方法。另外，即便不是佛教徒，纯粹以游客的身份去旅游，仅仅眼睛看到这些地方也是有功德的，也能播下善的种子。

H **非常感谢慈诚罗珠堪布为我们答疑解惑，真的是受益匪浅。也感谢各位观众朋友们的热情提问，知道大家还有很多的问题，但是因为时间关系，今天的节目只能先告一段落了，下期我们会进行更多、更精彩的互动。朋友们，再见。**

在生活中管理好自己

——《慧灯·问道》“实修篇”第 2 期

H 各位观众大家好！欢迎大家收看《慧灯·问道》节目。在我们的闻思修行过程当中，实修是必不可少的一环，而在实修的过程中大家又会有各种各样的问题，因此在上一期节目当中慈诚罗珠堪布就这一问题和我们进行了互动。

这期节目，慈诚罗珠堪布将继续和我们交流，并为我们答疑。感谢大家的收看，感谢慈诚罗珠堪布。

1

Q 堪布您好！请问从电脑和手机上删除佛像，还有上师法像，以及上师的音频、视频、文字，这样会有过失吗？如果有过失，应该怎样忏悔？

A 这个问题确实说不清楚。但是我想和用手一笔一笔画出来的佛像不一样，电脑里实际上没有佛像，也没有上师的法像，电脑的程序里只有0和1。因此我想，如果你没有不恭敬的心，只是因为电脑、手机里的空间有限，或者其他原因而删除，应该没有什么罪过。这和砸掉、烧掉一个真正的佛像可能是不一样的，我猜测是这样。

H 堪布，我再追问一个问题：现在很多人喜欢把佛菩萨像或者上师像设为手机屏保、墙纸，但是手指肯定要在上面戳戳点点，这样是不是不太好呢？

A 这个应该没问题，但是比如手机的屏保是一个佛像，那么正在显示这个佛像的时候，你用脚去踩或者从上面跨越，这样可能不太好。手指去点应该是没问题的，实际上你也没有碰到这个佛像，点到的只是屏幕。

2

Q 堪布您好！请问我们在家人为什么不能看出家人的戒律？谢谢。

A 这背后有一个故事。过去有一个人原本想出家，但是他后来看到了出家人的戒律，不由惊叹道："哇！出家人的戒律这么多！这么烦琐！"他觉得这么多戒律自己肯定守不了，还是不出家了，于是他就没有出家。正是因为他提前看到这些戒律，反而成为他出家的违缘。所以在家人不能看出家人的戒律，最主要的原因就是这个。

不过，也不是绝对不可以看。有些在家人对出家极其向往，对出家人特别恭敬、特别喜欢。这种情况下，他读一读出家人的戒律，心里只会生起欢喜、喜悦，不会有其他不好的影响。所以，这种人是可以看的。

3

Q 堪布您好。我问一个关于居士五戒的问题，就是如果不受邪淫戒，会不会有什么过失？

A 不管是出家人的戒律，还是在家人的戒律，都可以分成两种类型。其中一种本身就是十不善，没有受戒的人去做也有罪过。比如杀生，从来没有受过戒的人，甚至没有皈依、没有信仰的人去杀生，同样也有罪过，这个跟受戒与否没有关系。但是戒律里面也有不杀生这一条，如果是一个受了戒的人去杀生，则除了有十不善的罪过以外，还会犯戒，因而有双重罪过。

不受邪淫戒是可以的，居士五戒可以有选择性地受。你能做到多少条就受多少条，并不是五个全部都要受。所以，如果你没有受过邪淫戒，会不会犯这条戒呢？不会犯的，因为你根本就没有受过这条戒。但是有没有罪过呢？有，这跟杀生是一个道理，杀、盗、淫、妄这四个属于十不善，所以有罪过，但是不叫犯戒。虽然不叫犯戒，但是有罪过。

H 好的，谢谢堪布。请问堪布，在五戒和十不善里面都没有提到

过吸烟的问题，但是听说吸烟对于修行人还是有障碍的，可能会让修行退转。这个说法是真的吗？

A 对，在释迦牟尼佛的年代，至少古印度这一带，可能没有抽烟的习俗。佛经里面只是提到过，外道有一些类似于吸烟的行为，但实际上吸的不是香烟而是药物一类的东西，除此之外没有明确提到是否可以抽烟。

但是后来的密法里，比如莲花生大师的一些伏藏里讲得非常多，提到了吸烟的很多罪过。诸如吸烟会影响个人的修行，自己吸烟有过失等，所以吸烟对修行还是有影响的，佛教徒不能吸烟。

但是如果说吸烟犯了哪一条戒呢？也没有犯戒，因为佛的戒律里面没有制定不吸烟的戒律。所以不能说犯哪一条戒，但是却属于一种罪业。

H **那我还想请教一下，如果我们在一些场合，不得已被动地吸二手烟，怎么办呢？**

A 佛经里面讲到，不管是自己吸烟还是吸二手烟，都要回避。凡是这个烟进入自己身体都有影响。但是能不能做得到，就是另外一回事了。佛经里面是这么讲的，主要是莲花生大师的一些伏藏的密法里面讲得比较多。

H **但是，其实佛菩萨的愿力很大，加持力很大，为什么吸烟还会有这样的影响呢？**

A 你的意思是佛菩萨的加持为什么不能把烟的罪过消除，是吧？

H **对，我们对佛菩萨有信心就可以得到佛菩萨的加持，而我们只是闻到了二手烟，为什么这个加持力就会有退失呢？**

A 比如说五辛也是一样的。物质本身有它的作用，佛菩萨的加持也不是万能的。比如我们去杀生，为什么佛菩萨不消除我们的罪过呢？我们去偷东西，为什么佛菩萨的加持不把偷东西的罪过消除呢？这个可能不是这样理解的。

佛菩萨是有加持力，但是这个加持也不是万能的。如果我们想要得到佛菩萨的加持，也要具备很多条件。具备了这些条件，佛菩萨的加持才能发挥作用。如果佛菩萨的加持能把整个世界全部改变，那任何人肯定都不需要修行了，什么都不用做，坐着等佛菩萨来救度就可以了。真要有可能，佛菩萨一定会这样做。因为佛菩萨的工作就是度众生，救我们是他们的工作。但是有些物质有自己的作用，因果也有因果的规律，那么这些物质的作用、规律，想要全部靠佛菩萨的加持来改变，可能是改变不了的。

H **比如说高僧大德加持过的加持品，是不是在这种吸烟的环境里最好也不要出现，否则加持力也会退失？**

A 也许会吧，这个说不清楚。但是比如说烟味熏到坛城、佛堂等，这样确实不太好。

4

Q 我这个问题是关于居士戒里的邪淫戒，我一直觉得婚外恋就是破邪淫戒的根本戒，但又不能确定。请您为我讲解一下。

A 佛经里面讲的邪淫，绝大多数都是从一个男性的角度来讲的。如果对方是有家庭的，就叫作邪淫。但是，如果一个男性有家庭，对方没有家庭，那么这就不一定是邪淫，听明白了吧？这个是有点复杂，我说清楚了没有？

H 有人点头，有人摇头。

A 比如说，从一个男性的角度去看，什么样的行为成为邪淫、什么样的行为不成为邪淫，那就要看对方。只要对方是有家庭的，这个男性就是第三者。这样一来，对男性来说就是邪淫。从对方的角度来说，就不一定是邪淫了。知道了吧？

婚外恋就是这个意思。如果这个男性是有家庭的，与他发生关系的对方没有家庭，这个男性不属于第三者，这样的话可能不是邪淫。他自己出轨了，对他的家庭来说是不对的，但这是不是邪淫呢？可能还不是邪淫。是否是邪淫，要看对方是什么样的人。

H 主要看对方有没有家庭。

Q 堪布，是不是破邪淫戒的宗旨，主要是指是否给别人的家庭带来伤害这方面？

A 没有什么宗旨。当然不是故意去伤害别人的家庭，不是这样。

H **那我再想追问一下堪布，您刚刚都是从男性的角度来说的，对于女性呢?**

A 对女性也是一样的。佛经里面大部分讲的都是男性，但是女性也是同样的道理。

H **明白了。虽然说邪淫戒是看对方有没有家庭，但是不管怎么样，有家庭的，他背叛了家庭，让家人受伤；或者是他去破坏别人的家庭，这样肯定都是不可取的，会有过失的，对吧?**

A 对。邪淫戒还有一些更细的规定，比如说和有家庭的人，或者出家人，包括其他宗教的出家人，还有在佛像的面前，有光的地方，对方心情不好的时候，生孩子还没有恢复的时候，等等。这个你们到佛经里面去看，不仅仅只有第三者一条，还有其他的内容。

5

Q **堪布您好！我们夫妻是同坛城的金刚道友，平时在生活中会因为一些琐事就埋怨对方。这种情况需不需要在 24 小时之内诚心地向对方忏悔?**

A 一般来说，夫妻以及父母跟儿女之间的吵架，相比和其他

人的吵架，应该是稍微轻一点的。但是有些时候，夫妻、儿女和父母之间，也可能发生严重的吵架，内心当中真正产生了嗔恨，如果是这种情况，还是需要忏悔。因为从生活的角度是夫妻，但是从佛法的角度却是金刚弟兄，所以还是应该忏悔。

Q　感恩堪布！平时亲人之间闹个别扭是常事，但还是在这个金刚道友的基础上，没有来得及道歉就已经和好了，那这个算不算破戒？

A　没来得及道歉就和好了，也就不需要道歉了。

H　和好就算道歉了。

A　一般来说，内心当中确实没有起太大的嗔恨，只是因为生活琐事吵架，不会犯根本戒。要犯根本戒需要两个条件：一个是行为上的打架或吵架；另一个是发自内心地产生嗔恨心，特别生气。只有具备这两个条件才会犯戒。

如果只是内心特别生气，但是没有说出来，更没有打架，这就不会犯戒，因为其中一个条件不具备。另外一个是如果打架、吵架了，但是实际上没有起太大的嗔恨心，没有那么恨，这样也是不会犯戒的。

这个尺度要把握好，大家可以看看《慧灯之光》里面的《密乘十四条根本戒》。密乘戒的十四条根本戒，虽然有十四条，但是很多都是不太容易犯的。其中比较容易犯的一条戒就是金刚道友之间吵架。所以大家首先要学好戒律，了解犯戒的界线，比如突破了什么样的界线就会犯戒、不犯戒的范畴是什么。学好了以后，大家尽量地把握，如果真的犯了戒，那忏悔就好了。

H 好的，感恩堪布！刚才这两个问题都是关于守戒方面的，您的意思还是请大家先学习一下要受的戒律，才能守得好？

A 对，受戒之前必须要好好地学习、了解戒条，目的有两个：一个是受戒以后，更好地去持戒、不犯戒；另外一个就是，当你没有受戒的时候，你可以选择受与不受，或者受这条戒还是受那条戒，一旦受了以后，就没有选择了。所以没有受之前要多了解这些戒律，看自己能不能做得到。这就必须要先学习，学完了以后再去受戒，这是最完美的。

6

Q 堪布您好！如果不是故意杀人，比如说交通事故里无意中伤害了他人，而且已经接受了法律制裁，那么是不是业已经抵消？肇事者不信佛，又不懂得忏悔，那是不是真的会种下地狱之因，该怎么办呢？

A 不会，这个肇事者本来就是没有罪过的，佛教里面讲五种杀生是没有罪过的。比如走路的时候无意中踩死了小生命，因为不是故意的，所以没有罪过。还有做饭的时候，过去都是烧木柴，木柴里面有小虫子，无意当中，没有及时发现，虫子被烧死了，但因为不是故意的，所以也没有罪过。同样的情况，交通事故撞死了人，不是故意的，因此本身就没有罪过。所以你也就不需要去考虑肇事者是不是罪过清净了。只要他不是故意的，交通事故就是没有罪过的。

但是，如果是有罪过的，即便已经接受了法律的惩罚，也不能代替因果。各是各的，不能混为一谈。在有些方面，法律和佛教的因果是同样的，比如杀人。但有些方面不一样，像交通事故要负法律的责任，然而从因果的角度来讲他没有罪过。而堕胎，有些国家是不需要负法律责任的，但是从因果的角度来讲会有惩罚。

H 嗯，明白了。您刚才说堕胎有罪过，是不是就是因为女子本身故意想要这么去做的。

A 对，故意的。

7

Q 师父您好！现在网上有很多人通过收集募捐款来帮助病人，或者是其他类似的活动，真假难以辨别，我们在不知道真假的情况下要不要捐款呢？

A 当然不要了。不知道真假的时候不要捐款。

Q 那这样不捐是可以的，对吗？那要是……

A 是的，不捐是可以的。我知道你的意思，比如说菩萨戒里面有根本戒和分支戒，分支戒里面又有几个，一共有四十多条戒。那四十多条戒是讲，如果你在这一生当中有机会、有能力帮助别人，所有的条件、机会都具备了，但是没有其他的原因，就是因为自己懒惰、不努力、懈怠而不去帮助，就会犯这条戒。

你的意思是不是这个？看到了这些捐款活动，不捐的话，会不会犯这条戒？不会犯这条戒。你把真假弄清楚了以后再捐就可以了；没有弄清楚的时候不要捐。网上真真假假的消息太多，真的不好分清楚。

Q 是的，您猜到的就是我想问的，怕犯戒的事情。如果事情是真的，可我觉得这样的事情太多了，好多都需要捐，就不太想捐了，这样也可以吗？

A 这样当然可以了，捐和不捐可以自己决定。你不捐是不是有什么罪过呢？在菩萨戒里面，是有这样的要求，但是也不是很大的问题，还是看自己的心情吧。

8

Q 堪布您好！我有几个关于八关斋戒的问题。第一个是我在守八关斋戒之前是需要在一位大德面前受戒呢，还是我可以自己受？

A 第一次受八关斋戒，必须要有一个人给你传授。第一次受的时候，事先要准备好，可以一次性地发愿：此后一年、两年、三年，甚至更长的时间之内，每个月的某一天我要守八关斋戒。这些全部确定了以后，就可以一次性地受三年、五年，甚至更长的时间。第一次受戒以后，下次到了固定的这个日期时，当天也要受。但是不需要找一个人给你传，自己在佛像面前受就可以了。

总之，第一次必须要有人传，第二次、第三次就不需要了。也就是说，一次性地受过之后，以后就不需要有人来传。但是如果当时没有发愿，那么每一次都需要有人传才可以。

Q 嗯，谢谢堪布！还有我在守八关斋戒的时候，有时候下午不小心咽下了一颗玉米，或者是一不小心跟人开了一个玩笑，或说了一句妄语。虽然当时就意识到了，但是吐也吐不出来了，而且话也已经说出去了，也很懊悔，这些算是犯戒了吗？

A 这些情况如果放在出家戒里面，是没有问题的。因为出家戒里，过午不食要求这个食物的量要达到一口。但是一大口还是一小口？一口的标准是什么呢？标准就是，这个食物放在嘴里面足够咽下去，这样叫作一口。所以像一粒米或更小的都没问题。

但是在八关斋戒里面要求比较高，因为八关斋戒本来就只有 24 小时，时间很短。虽然说一句玩笑话，或者说一句类似于妄语的话，应该不是很严重，但是佛经里面说了，不要开玩笑也不要撒谎。比较严格，所以还是要注意。

Q 如果在守持的过程中，已经犯了这样的一些错误，我是不是需要在一位大德面前，重新受一遍戒才可以？

A 首先是要忏悔一下。比如说当天的戒律没办法再守了，但是你可以第二天或第三天再补受一次。

Q 因为之前我已经在大德面前发愿，这辈子每个月的某一天都要守，那还需要在大德面前重新再受一次戒吗？

A 这个我想，你今天的这条戒没有做好、没有做到底，但是可能今天的戒跟下一次的戒之间是没有什么关系的。所以你下一次受的时候，可能不需要再去找一个人给你受，还是照样在佛像面前自己受，应该是可以的。

Q 还有一个更细节、更具体一点的问题，就是妄语。如果我已经说出来了，这个肯定是妄语了，但有些时候我们没有说话，只是跟人发短信或写邮件的时候，说了这么一个……

A 这个都是一样的。短信也好、手势也好，或者其他任何一种方式，反正你把意思传达给别人以后，所传达的内容属于妄语，那就是妄语。不是一定要用声音说出去的。

H 堪布，那守八关斋戒时，我跟一个人说我要请他吃饭，但后来没请他吃，这个算有过失吗？是不是八关斋戒说的话都要履行？

A 这个要看你说话时的真实想法，如果你不想请别人吃饭，只是打个妄语，那就是妄语了，肯定是有过失的。但是你说的时候确实是想请别人吃饭，只是后来没有做到，那应该是没问题的。

H **我不是故意要去骗他，只不过因为后来的机缘没有成熟，所以没有履行这个诺言。**

A 那应该没问题的，这个还不属于妄语。

H **好的，谢谢堪布！**

非常感谢慈诚罗珠堪布的答疑解惑，真的是受益匪浅。也感谢各位观众朋友们的热情提问，我相信大家意犹未尽，但是没关系，更多精彩内容咱们下期节目再见。

如何能让我的心坚强起来?

——《慧灯·问道》"实修篇"第 3 期

H 各位观众，大家好！欢迎大家收看《慧灯·问道》节目。我们在实修的过程中常常会遇到这样或那样的问题，这些问题就像我们前进中的绊脚石，只有解决了它们，才可以更快更好地行进。那么在上一期节目当中，慈诚罗珠堪布就实修的问题为我们进行了解答。这期节目我们接着与堪布进行互动。掌声有请慈诚罗珠堪布！

1

Q 堪布您好！我们平常看一些经典，了解到许多成就者都是多年或者终身修一个法而成就，那我们是不是也适合一生修一个法、念一个咒？我们如何才知道哪种法更适合自己呢？谢谢您。

A 比如说我们修一栋楼，它需要钢材、混凝土、玻璃等很多东西，但是这么多的东西最终就是为了修建一栋楼。同样的，我们修一门法，也就是“一门深入”，但是这一门法不等于就只念一个咒。一门法里面有很多内容，有出离心、菩提心，以及证悟空性，这些全部加起来，最后我们实际上还是修一门法。

就像前面讲的建楼，只有钢筋，只有玻璃或者只有砖头都不可能建一栋楼，这些都具备才可以。同样的道理，我们修一门法，一门深入地修，也需要很多内容。

最简单的净土法门，也需要一定的闻思以及一定的实修。净土法也需要出离心，如果没有出离心，可能连往生西方极乐世界的想法都没有；也需要菩提心，如果没有菩提心，只想自己一个人往生西方极乐世界，不管其他人。尽管这样也可以往生西方极乐世界，但是往生了以后，还不能成为大乘佛教徒。极乐世界里也有大乘佛教徒、小乘佛教徒和阿罗汉。如果在没有菩提心的情况下往生，到了极乐世界就是小乘佛教的修行人。但是如果出离心、菩提心等需要的全部条件都具备了，往生以后就是大乘的佛教徒或大乘的修行人，这样就更加完美了。

所以我们只修一个法是很好的，但是修一个法需要一些条件，并不是说一个法就只需要一个条件。

另外，一般来说，年纪稍微大一点的道友，比如七八十岁以后，可能不太适合学修很多内容，那么修净土法门，一心祈祷阿弥陀佛，对老年人来说是最合适的修法。其他人想修藏传佛教、汉传佛教里面任何一个法门，都是很好的。

2

Q 堪布您好！我是一个佛教的初学者，想请问您：作为初学者，应该从什么阶段开始进入实修？因为我原来只是每天念念咒、磕磕头、转塔这些，并没有闻思。如果不闻思，可不可以上来就直接修？感恩堪布。

A 一般情况下，我们皈依了以后，应该有一段时间学习、闻思。在这个过程当中整体了解佛教是什么，我为什么要去修行，修行了以后会有什么样的结果，这个结果对我有多大的意义，对他人有多大的意义……这些全部了解之后，如果你想修出离心，再进一步去学习出离心的具体修法，比如人身难得、寿命无常等。要了解每一个修法全部的思维方法，都学习完以后，你就可以随时打坐，随时实修了。

所以实修的前提条件，就是在实修前必须要懂得这个修法的具体方法，还必须要懂得为什么要修、修了以后会怎么样、最后的结局是什么等，这些都要了解好。

所以我觉得，刚刚学佛的时候，如果立即就去打坐，这个过程中可能还是会有一些疑问。如果这些疑问和困扰得不到解决，最终会阻碍自己的打坐。所以，我们打坐前需要一段时间的闻思。经过闻思以后，随时随地都可以打坐。

H 我理解您的意思，我想到一个比喻，不知道对不对，就是像开车一样，你要去一个地方，总得知道目的地在哪里？路线图是怎么样的？要不然可能开着开着就迷路了。

A 对，是的，没错。

3

Q 堪布您好！我想问一下，为什么说念佛就可以成佛？要如何念佛才能成佛呢？

A 念佛可以成佛，但是念佛只能逐渐地成佛。我们念阿弥陀佛可以往生西方极乐世界，然后通过阿弥陀佛加持的力量、阿弥陀佛的愿力，所有往生西方极乐世界的人，往生的时候就可以开悟，而且这个开悟的程度是很高的，直接就可以达到菩萨的第一地。大乘佛教里，菩萨分十个阶段，每一个阶段叫作一地，第一地、第二地、第三地……第十一地，第十一地就是成佛了。那么往生西方极乐世界的时候，直接就可以达到第一地的境界，这个境界已经是很高了。达到第一地境界时，因为有了非常好的基础，所以剩下从二地到十地的九个阶段，很快就可以通过。经过这九地以后很快就会成佛的，这是往生极乐世界的一个最大的优点。但是我们在其他地方，比如说在地球上修行，就不可能在短时间内达到那么高的境界。

你问到了怎样念佛，念佛有很多方法。比较普遍的念佛的方法，在《佛说阿弥陀经》和《无量寿经》等净土宗经典里都有介绍。这些经典给我们提供的方法可以归纳为四个要点：第一，我们时时刻刻都要想到西方极乐世界和阿弥陀佛。第二，为了往生西方极乐世界，我们要去积累很多的资粮。譬如你想到某个地方去旅行，首先你得赚足够多的钱才行。同样的道理，我们要往生西方极乐世界，也要积累资粮。第三，还要发菩提心，不能说我一个人往生西方极乐世界就可以了。不但我要往生极乐世界，所有的人、所有的生命都要往生西方极乐世界，要有这样的心愿。第四，时时刻刻都要发愿、回向，我们做任何善事都回向往生西方极乐世界，发愿以这个善根，我们大家都能够往生西方极乐世界。这四个要点就是最普遍的方法。

另外就是用一心不乱、一尘不染这样的念佛方法，这些是比较高端的念佛方法。还有禅宗跟净土宗结合的念佛方法，在进入禅的状态的同时，还可以念佛。但是一般大家都能够用得上的、最普遍的念佛的方法就是上面说的那四个要点。

Q 谢谢堪布！我还有几个问题是关于莲师的邬金刹土和极乐世界的问题。我们是发愿要往生极乐世界的，但是因为我们学密宗，有些上师也鼓励我们发愿往生莲师刹土，还有的师父鼓励大家往生香巴拉净土，所以我想了解一下，这三个净土有什么区别？

A 这三个刹土是什么样的世界，佛经里面描述得比较清楚。三个刹土当中最好的是极乐世界，为什么最好呢？就是因为很容易往生西方极乐世界。

往生西方极乐世界的因缘其实非常简单，不需要太复杂的东西。只要有一颗很虔诚的心，坚定不移地相信西方极乐世界和阿弥陀佛的愿力、力量，再加上你特别地想往生，只要有这两个条件，其他都没问题的。像杀、盗、淫、妄这种一般的罪过，并不能阻碍往生西方极乐世界，所以非常容易，这是一个优点。第二个优点，往生西方极乐世界以后，就能快速成佛，永远都不会再堕到轮回当中，一定会成佛的。

因为西方极乐世界有这些优点，所以藏传佛教、汉传佛教的所有的大乘佛教徒都比较熟悉西方极乐世界。每一个人的内心当中，对西方极乐世界也有一定的向往和信心。

邬金刹土和香巴拉刹土也是刹土，但是我们很多人都不知道到底是什么样的刹土。所以我觉得我们还是要好好念佛，如果想要去一个刹土，还是选择西方极乐世界，我觉得这个是最安全的。

Q 谢谢上师！最后一个问题，莲师心咒和阿弥陀佛的圣号，这两个比起来，哪个更有加持力一些呢？

A 这个说不清楚，都有加持。

Q 因为我们按密宗次第修学之外，很多上师都要求我们再念阿弥陀佛心咒，如果说都一样的话，这是为什么呢？

A 我们如果很想往生西方极乐世界，那其他什么咒都可以不念，就念“南无阿弥陀佛”。只念阿弥陀佛的心咒，或是阿弥陀佛的圣号就可以了，其他的咒念不念都无所谓。

但是再念一些莲花生大师的心咒，对我们也有帮助。

有什么帮助呢？可以让我们在学佛、修行的过程中顺顺利利的，不会遇到什么逆缘，不会因为什么原因使我们退转、退失，进而顺顺利利地往生西方极乐世界。所以，莲师心咒还有阿弥陀佛心咒，两个都念都修是非常好的，各有各的功德和益处。但如果说这两个的好处哪个比较大，这就不太好说了。

H 谢谢堪布！我有个问题想请教您，比如说有一个人修行特别精进，在此生就可以证悟空性、见到真相，那他还有必要再念佛和往生西方极乐世界吗？

A 有必要的。作为佛教徒，每个人都有机会在这一生中证悟，只要方法没有错，并且稍微下功夫，完全是可以的。但是所有的这些证悟都叫作初步证悟。虽然是看到了真相，但是他看到的所谓的真相是什么样子呢？比如我们从图片上看月球，从地球上看月球，以及到月球上去看月球，会有很大的差异。初步的证悟，就像看月球的图片一样，只是看到一个月球的照片，“原来月球就是这样的啊！”但是还没有真正地看到月球。再进一步地修行，就会看到真相，但此时他看到的真相就像是从地球上看月球一样，虽然看到了月球的真相，但是看得不是很清楚，还是很模糊的，只是看到这样一个天体存在。等到了月球上面去看，才能看得非常清楚。

同样，当我们达到一地菩萨的境界的时候，就像站在月球上看月球一样，把真相看得一清二楚。初步证悟，也就是刚刚证悟时的这种证悟，虽然也可以称为是看到了真相，但还是比较模糊的，此时只是相当于看到了水中的月亮，或者图片里的月亮，所以证悟有很多不同的层次。

因此，并不是说证悟了就立即成佛了，证悟了以后还要修很漫长的时间。在佛教历史上，证悟当下就成佛的人也有，但是凤毛麟角。绝大多数的人证悟以后，需要经历从模糊到清晰的过程，一步一步地提升。所以，证悟以后念佛往生西方极乐世界还是有必要的，也是非常好的。

H **没有登月之前还是有一段路要走的。**

A 对，要走的。

H **所以还要接着念佛，求生西方极乐世界。**

A 是的。

4

Q 堪布您好！我学佛很多年了，这些年也有幸依止、随学、随修了一些上师，他们也给我传了不同的法，布置了一些功课。但是人的精力有限，我也不可能实修所有这些法，反而内心还给这些师父们排了个主次顺序。因为法是平等的，我觉得自己这样有过失，感到很困惑，希望您给开示一下。

A 我想很多人都有这样的问题，比如在很多地方接受各种

各样的灌顶，又去见许多上师。每次我们参加这些灌顶和佛教活动的时候，每位上师都有可能给你布置不一样的功课，每一个灌顶又有不同的本尊，然后又要念这个本尊的咒等。这样累积到一定时候，确实是数量繁多，没办法完成。

在这种情况下，其实不需要每一个功课都去做，可以只做必须做的几个。首先修出离心的四加行是必须要做的，不管是哪位上师布置的，即便没有人布置，你也要去做。其次就是菩提心。如果你心目当中地位最高的上师，让你去烧香、拜佛、磕头，赚更多的钱，捐给寺庙、修寺庙；但是你心目中最没有地位的上师，让你去修出离心、菩提心，该如何取舍呢？这种情况，我想你应该选择去修出离心和菩提心，因为这是必须要做的事情。至于烧香拜佛、捐钱、修庙，这些可做可不做，如果有条件就做，没有条件也可以不做，就算不做也不会妨碍你解脱。

所以这些功课里面，你做几个关键的就可以了，其他的不需要每个都做。以出离心和菩提心的修法，来代替所有上师给你布置的功课，我觉得应该是没有问题的。

另外，比如本尊的咒，或者是参加了很多法会，每个法会都布置了很多功课，你一个人完不成，那你可以念其中一个来代替其他本尊的咒。但是，如果你参加了两个不同的法会，每个法会都有不同的要求，让你念多少的咒，当时你也发愿，承诺要念，如果是这样，你还是两个都要完成的。因为自己已经发愿了，不做不是很好，还是要去做。如果自己没有发愿，虽然法会本身有这个要求，那也没关系。实在来不及你就主要选一个咒念，用这个咒代替其他的，也是可以的。

比如说金刚萨埵心咒“嗡班匝儿萨埵吽”，佛经里明确记载，金刚萨埵可以代替所有的本尊，所有本尊都包含在金刚萨埵本尊当中，并且金刚萨埵心咒可以代替其他所有的咒。所以你可以这样做，不需要全部都念。否则数量确实太庞大了，可能没办法完成。

5

Q 堪布您好！我有一个问题，我们在世俗的学习中习惯在书本上做笔记、划重点。我参加禅修班后，前两册书也是这么做的。但是最近我听到一种说法，说最好不要在佛教、学佛的书籍上做标记。我很担心有过失，所以想请教您一下，佛经我们肯定不会去乱写，但是像禅修班的教材，或者是像《前行引导文》，因为学的时候会情不自禁觉得很重要，就想把重点划出来。可以这样做吗？还是说绝对不可以，一定要用笔记本记录下来？

A 听课的时候在佛经或者佛教的书籍上做一些注解，比如你听课时，听懂了一处法义，害怕忘掉写在上面，这个应该没问题。但是有些人听课的时候，就在佛经或者这些书上画漫画、乱写乱画，这个可能是不对的。写一些相同的，比如和佛经相同的内容记在上面，这个应该是没问题的。

6

Q 堪布您好！我的第一个问题是，如果接了一般的灌顶，就是对接受灌顶的人没有特殊要求的灌顶，然后每天按所接的灌顶修法，但是没有修五加行，能不能修成就？第二个问题是，对普通根器的人来说，五加行是不是一条必经之路？是不是不修五加行的话，无论修什么法都不可能成就？谢谢堪布。

A 我想这要看人，像六祖惠能大师是没有修四加行、五加行，但是他证悟了。在藏传佛教、印度佛教里面，也有一些这样的个案，但是毕竟屈指可数。这就说明，我们一般人还是首先要修四加行，培养出离心，其次去修五加行，发菩提心，一步一步走，这样是比较踏实的。

虽然不是所有人，但对于普通人来说，可以说四加行和五加行就是必经之路。还有一点，你可以去看看你自己，有没有出离心？如果有出离心，而且很标准，那不修四加行应该问题不是很大。其次再看看有没有菩提心？也有，而且也很标准。如果是这样，虽然没有修菩提心的修法，但是这个结果已经有了，这样也是可以的。如果出离心、菩提心这些都没有，那就没有别的路了，只有四加行、五加行一步一步地修。

你问的第一个问题，接灌顶以后没有修加行，按照所接灌顶的那个法来修，能不能修成就？这个因为没有加行基础，一般不太可能成就。灌顶之后的这些修法都要分前行和正行，它们的前行都是四加行、五加行这类的修法，所以这个不能超越，还是要按照次第来修才最踏实。

H **堪布，我理解的您的意思是，出离心和菩提心是基础，必须有这个基础才能修更高的法，对吗?**

A 对，比如说，一个人还没有学佛的时候非常眷恋轮回，就是因为有一种无形的力量把他固定在轮回当中。然而通过修出离心，可以使这个力量逐渐减少，或者从本质上断掉，这样这个人就可以脱离轮回。就好像一个风筝，线在人的手里，即使它飞得再远，最终还是要拉回来。如果有一天把这根线剪断了，它就可以自由地飞翔。同样，出离心就是用来剪掉这根线的。没有出离心，其他的修法修得再多、再怎么样都是不行的，所以必须要有出离心。

7

Q **请问堪布，在修行方面我感觉自己的心力很弱，平常就算一点小事都会扰乱心，比如孩子学习成绩不理想等。这是因为我太执着，还是我对轮回的认识不够深刻?**

A 这一般都是因为修行不到位。理论上我们都很清楚地知道不应该这样，但是遇到问题的时候还是控制不住自己的心，会有这样的烦恼。主要原因是什么呢？是不是执着呢？当然是执着了，如果不执着是不会这样的。另外就是我们修行的时间，或者是力度可能还不够，需要我们加强修行，增加修行的时间。这样逐渐提高自己的觉悟以后，可能慢慢就可以控制住这些烦恼了。

Q 堪布，那我如何能让自己的心变得坚强起来？就是您说的，要坚持去修，是吗？

A 对，佛教的理论不是要改变外面的世界，而是要改变自己的内心世界。通过大乘佛教和小乘佛教各种各样的修法，以及修法背后的理论来强大自己的内心，我们就会拥有非常坚强的心和精神世界。不管这个世界怎样变化，都可以接受，都可以面对。生活中所有的变化都不会影响到你的心，因为你的心已经相当坚强了。

但是现在，我们每个人的内心都非常脆弱。很多人认为，所有的问题都可以靠物质来解决，于是在生活中特别依赖物质。可越是依赖物质，内心就越脆弱，经不起任何打击，稍微有一点点不顺利的事情，对我们的触动就会很大，非常烦恼、不开心。

所以修行是唯一的解决方法。通过佛教的修行方法，逐渐让自己的内心强大起来。当我们具备了菩提心，以及证悟空性的智慧，那时任何世俗的变化都无法扰乱我们的心。

H 堪布，听了您讲的话，感觉这个实修就像运动员在上场之前，要先经历的锻炼一样。

A 对。

H 然后等我们实修有了一定基础之后，我们再跟烦恼赛跑的时候就不怕输了。

A 对，是这样的。

H 非常感谢堪布细致和耐心的讲解，也感谢各位观众朋友们热情踊跃的提问。我相信大家对于实修还有很多的疑问，但是因为时间有限，这期节目就要先告一段落了，更多的精彩互动下期节目再见，朋友们再见。

如何对待自己的过失

——《慧灯·问道》“实修篇”第 4 期

H 各位观众，大家好！欢迎大家收看《慧灯·问道》节目。在我们的闻思修行过程当中，实修是必不可少的一环。而在实修的过程中，大家又会遇到各种各样的问题。在上一期节目当中，慈诚罗珠堪布就这一问题跟我们进行了互动。这期节目我们接着与慈诚罗珠堪布进行交流。感谢大家的收看，感谢慈诚罗珠堪布。

1

Q 堪布您好！这个问题其实有点不好意思提，但我觉得现在有这种现象，所以还是想咨询您一下。现在学佛的弟子越来越多，尤其女众弟子越来越多，而弘法的上师男性比较多，经常会出现弟子对上师有爱慕之情。这种情况有没有什么过失？需要怎样对治呢？

A 如果只是心里有这样一个起心动念，并没有发生什么事情，那么这些叫作烦恼。这个烦恼也会造业，但仅仅是一个起心动念，身体、语言都没有行动，不算很严重的业。如果后面还有其他事情，就会造严重的业。

当然，有这个起心动念也是不对的，需要处理。处理的方法，跟其他烦恼的处理方法一样，最好的对治是修空性。此外，佛教里面还有不净观、禅定等很多修法，可以用这些修法来控制、断除。

2

Q 堪布您好！请问，供完香的香灰，还有供佛之后的鲜花，可以扔到垃圾桶吗？需要注意什么？

A 供过佛的食品，如果有条件，要放在比较干净的地方。但是可能很多时候不太容易做到，那么供佛的水也可以拿去浇花，供过佛的水果可以喂鸟、喂鱼等。香灰、花这些也是一样，我想如果有条件，放在比较干净的地方应该是比较好的。但是也看情况吧，实在没有合适的条件，如果自己内心中没有不恭敬的心，应该也不是很大的问题。

H 堪布，如果条件不允许，我把这个香或者花包起来，有一层隔离，然后放在垃圾桶里，这样可以吗？因为没有不恭敬的心。

A 包和不包实际上都是一样的，放在垃圾桶里以后，差不多都是一样的。

H **都是会有污染。**

A 对。

H **所以最好还是放在树底下或者房顶之类的比较清净、干净的地方。**

A 对，可以放到比如郊区、农田这样的地方。一般香也不会太多的，如果方便，你可以把灰装在袋子里，然后等到去郊外的时候顺便带出去。这样不影响别人，又是相对比较干净的地方，可以这样处理。但是花就有点难。

H **流动的水里是不是也可以？比如说去旅游的时候放在河里。**

A 少量的话，对水源的污染可能不是很大，是可以的。如果像水库，人喝的水源应该不可以。其他的流动的河水也许可以吧，少量的也许可以。

H **我还想再请教您，大家在供佛献上供品时，要不要做什么发心？或者要念什么偈颂吗？**

A 供佛的时候可以念供养咒，还有供佛的一些仪轨。这些课诵集里都有，最好念供养咒。

3

Q 堪布您好。我想请教您一下关于五辛方面的问题，因为关于五辛的说法很多，有人说五辛就是葱、蒜、韭菜、蒜苗、兴渠，还有人说洋葱和蒜薹也不能吃。那具体什么是五辛？吃五辛为什么不好？对于修行有什么影响？

A 五辛、五荤这些都是一个意思。佛经里面是有一些不同的记载，因为那些佛经都是很早以前翻译过来的，那个时候用的这些名词，跟我们现在用的名词有一些出入，所以产生了不同的说法。但是基本上，五辛第一个是葱，第二是大蒜，第三是小蒜、荞头，第四是韭菜，第五就是洋葱。洋葱本来就在里面，最早的时候不叫洋葱，用的是一个梵文音译的名字。早期的时候我国没有洋葱，后来有了以后，大家就称它为洋葱，洋葱其实就属于五辛。虽然有不同的名称、说法，但基本上就是这五个。

那为什么不能吃五辛呢？有很多的原因，最简单的就是因为这些食物都有葱的味道。小乘佛教的戒律里也提到过，吃了五辛以后，进入佛堂会有不好的味道。如果进入僧众当中，也会给僧众带来不好的味道。反正就是走到哪里都有不好的味道，这是原因之一。

另外还有更深层的原因。佛经里面说，如果吃这些东西比较多的话，会引发两个后果：一个是会有一些生理上的反应，容易生气、发脾气；另一个是会产生一些激素，引起性冲动。五辛跟贪和嗔都有关系，所以佛教主张不吃。

像大蒜这些是食物，同时也是药物，可以治疗疾病。但是另外一方面，吃过量以后，会让人的生理有反应，心也静不下来，导致内心的混乱，最终影响禅定。所以佛教拒绝吃这些，基本上是这样的原因。

Q 香菜应该不属于五辛之内，但汉传佛教很多寺庙不允许吃香菜，这是为什么呢？

A 这个是有一点争议。早期的五辛当中出现过类似于香菜的东西，不是香菜，但是很像，所以大家就搞不清楚了。因此，有些人认为香菜应该也是五辛之一，所以汉传佛教的一些寺庙不吃香菜。

Q 堪布，听说藏传佛教里很多上师不吃萝卜，有些还明确说八关斋戒的时候绝对不能吃萝卜。在汉地“萝卜白菜保平安”是一句家常话，应该是挺好的蔬菜，我不太理解为什么不能吃，请您开示一下。

A 平时吃萝卜是没有问题的，至于“八关斋戒的时候不能吃萝卜”，这种说法确实没有听说过。但是密法里提过，持咒的时候不要吃萝卜，萝卜会影响持咒的效果和力量。所以说闭关、持咒的时候不能吃，但平时没有说不能吃，是可以吃的。

一般的八关斋戒，比如显宗的八关斋戒时吃萝卜是没问题的，只要是上午，不过午就没问题。我想他们的主要用意是，因为密法的八关斋戒是除了受这些戒以外，在当天需要观想观世音菩萨，持观世音菩萨的咒，考虑到萝卜会影响咒的力量，因此说“八关斋戒的时候不能吃萝卜”。但是我想显宗的八关斋戒时吃萝卜没问题，平时也没问题。

4

Q 堪布您好！我在修行的时候或者生活当中，会碰到这样那样的问题。有时候我特想找您，但是一想到您弘法利生这么忙，我的事太小，所以就不好意思，像这种情况我该怎么办呢？谢谢。

A 如果你是禅修班的学员，当你遇到困扰解决不了，或者在佛经里面也没有找到解决问题的答案，首先要和师兄们讨论。如果大家实在不知道该怎么解决，你们可以把这个问题发给我，我来给你们解答。

5

Q 堪布您好！我以前还没有学佛的时候，破坏了很多善妙的求法因缘，以及很多世间、出世间的因缘，请问这个会有过失吗？如果有过失，应该如何去弥补呢？谢谢。

A 所有的过失都可以忏悔的。佛经里面讲，罪过本身没有什么优点，它唯一的优点是可以忏悔，而且可以忏悔得非常干净。所以，你过去做了什么样的罪过也好，现在都可以忏悔，都来得及。

忏悔的方法各式各样。凡是行善都可以当作忏悔，比如说你为了清净过去自己的某一种罪过，去参加慈善活动，修路铺桥也好、当义工也好，任何善事都是可以的。但是忏悔的方法里面，最有效果的就是修金刚萨埵的法，念百字明或者金刚萨埵心咒，以及《三十五佛忏悔文》。《三十五佛忏悔文》是专门用来做忏悔的，汉传佛教的《大藏经》里面有这个版本，平时很多人也在念，非常有效果。

H **谢谢堪布。我还想请教您，因为刚才这位朋友也提到了，自己造了一些不好的缘起，或者是遇见了不好的缘起。我记得您之前在讲《佛说稻秆经》的时候，提到过缘起咒，说这个缘起咒很有功德，可以把一些不好的缘起转为好的缘起。那像遇到这种情况，我们可以通过念缘起咒来改变缘起吗?**

A 可以的，缘起咒是非常有效的。但是当我们遇到什么问题的时候，突然间念几句缘起咒，试图要改变一个事情，也有一定的难度，所以还是需要一个基础。什么基础呢？首先要去学习缘起的理论，比如像《佛说稻秆经》这样的内容。因为万事万物都在因果当中循环，所以什么事情都可能发生，也可以被控制。了解了这些观点以后，再去念诵缘起咒，先念十万遍，十万遍作为基础，以后遇到事情时再念缘起咒就很灵了。

H **要先有十万遍的基础，然后才能有效果。遇到事情的时候不能临时抱佛脚，前面要先做功课。**

A 对，是的。

6

Q 堪布您好！有时候我们会为道场，以及在承侍上师方面做一些发心工作，但是有时候因为个人原因，没有及时地完成发心工作，请问这个有没有过失呢？

A 过失应该是没有的。你努力了，但是因为各种各样的原因没有完成，或者没有达到预期的效果，这肯定没有什么过失了。因为你也不是故意的，所以没有什么过失。

Q 谢谢堪布！如果说时间上特别紧张，有时候发心工作和个人闻思修的功课有些冲突，要选择哪个更合适？或者哪个功德更大呢？

A 这是一个非常重要的问题。发心工作是非常重要的，但是个人的修行确实也非常重要，所以我想这两个，哪个都不能代替另一个，两个都很重要。

因此，我们可以定期去当义工，比如说一年、两年或者三年之内当义工，然后换人，这是最好的方法。有些发心人员做了很长时间，或者当了很长时间义工，让他一直都这么做下去，确实影响他修行。如果他四加行、五加行没有修完，到时候他也不能听像大圆满这类的法，这样就非常可惜。对他个人来说，确实是很大的损失。因此，我想应该把当义工和个人修行的时间安排好、分配好。一个人长期当义工是不对的，没有人当义工也不对，所以要适当分配时间。

7

Q 堪布您好。在上期节目里听到您说过发呆的问题，我就是经常发呆，有的时候想问题，有的时候不想。我觉得发呆非常浪费时间，所以想问您，应该怎么调整一下，不让自己发呆呢？

A 标准的发呆是什么都不想，比如躺在沙发上什么都不想，就是发呆。有什么方法调整呢？当然有方法。当你发现自己要发呆的时候，立即提醒自己去打坐，或者去做一些别的事情。这个时候最有效的可能是做身体的运动，比如磕大头。如果周边有佛塔，也可以去绕佛塔。还有，你也可以去听一听佛教音乐。如果实在不行，还可以去看佛教电影，或者是一般的电影、音乐，这些都可以控制发呆。把发呆控制了以后，你就可以逐渐去做一些闻思方面的事情。

Q 我是不是可以理解为，在发呆之前意识到自己要发呆，就去做一些诸如诵经之类的事情。发呆其实是没有任何意义和功德的，对于修禅定等也没有任何意义，对吗？因为它只是阿赖耶识的一个最基础的状态。

A 对，没有什么功德。比如我们进入深度睡眠的时候，同样也就进入了阿赖耶识的状态，不会有什么杂念，但是也不会有什么功德。

8

Q 堪布您好。我想问一下，之前听说老一辈的修行人会把从上师那里听到的传承记在本子上，然后等自己命终的时候一起火化，说这样可以避免堕入恶趣，这是真的吗？如果是真的，我们是不是可以把我们从上师那里听到的传承也念给父母听，然后等父母去世的时候，把记在本子上的这些东西，跟父母的尸体一起火化，那父母也可以避免堕入恶道吗？

A 首先，这些法都是你亲耳听过的，比如你接受了什么灌顶，听了什么佛教的课程，接了什么传承，然后把这些法的名字记录下来，自己死后跟身体一起火化，就可以至少在一世两世当中不会堕恶趣。

但是你听过的法的名字跟其他人一起火化，这个有没有同样的作用就不好说了。佛经里面还没有看到过此类记载，但是有这样的说法，尤其是藏传佛教里面有这样的说法。

把我们听过的法记录下来，有两种作用：一是我要给别人传授传承，或者要给别人讲，前提条件是我自己曾经学过。我没有学过的东西，在藏传佛教里是不允许讲的。我接过的传承可以给别人传，但是如果我自己都没有接过这个传承，就不能给别人传。因为听得多了以后，有些比较小的佛经，有时候我们自己也会忘记是否得到过传承，这时候如果有这样的本子，就非常有帮助了，这是一个作用。另外一个作用就是前面讲的，死后一起火化，自己听过的法才可以这样的。如果是你刚才讲的那样，你记的自己听过的法，在父母或其他人去世后一起烧，这个有没有用还不好说。

H **堪布，如果我听过观音心咒、金刚萨埵心咒、阿弥陀佛的圣号，在父母临终的时候我念给他们听，这是属于我念给他们听，然后我再把它写下来火化，这样有用吗?**

A 你念给他们听当然是有用了。比如我们念佛号给父母或者是给菜市场里面的动物，对他们都有帮助。但是这个不叫传，应该是为他们念，这样是有功德的。

H **哦，明白了。有传承资格的传承者才能去传，是吧?**

A 对。

H **感谢堪布非常细致和耐心的讲解，也感谢各位观众朋友们热情踊跃的提问。我相信大家对于实修还有很多的疑问，但是因为咱们的时间有限，这期节目就要先告一段落了，更多的精彩互动下期节目再见，朋友们再见。**

疲惫生活里的温柔力量

——《慧灯·问道》“实修篇”第5期

H 各位观众，大家好！欢迎大家收看《慧灯·问道》节目。我们在实修的过程当中常常会遇到各种各样的问题，这些问题如果得不到解决，就会影响我们以后的修行，也只有先解决好它们，我们才可以更快更好地前进。那么在上一期节目当中，慈诚罗珠堪布就实修的问题，为我们进行了解答。这期节目我们就接着与堪布进行互动。掌声有请慈诚罗珠堪布！非常感恩您再次做客我们节目。

1

Q 我是一个初学者，想问一下，打坐的时候一定要观想吗？什么都不想可以吗？

A 打坐有很多种，有些打坐有观想，比如说观想佛、观想菩萨、观想本尊；有些打坐没有观想，什么都不想；有些打坐要去思考，比如人身难得、寿命无常；有些打坐既不是去想，也不是不想，超越了想与不想的界限，稍微比较高一点境界的打坐是这样的。所以“打坐”这两个字的内容是不一样的，它是很多修行的一个统称。这里面有各种各样的修法，要看你具体修什么修法，来决定思考还是不思考。

Q　我现在还没有开始修四加行，想请教一下您：修四加行之前是否需要灌顶？另外，其中的思维和观想是否一定需要师父的指引？

A　第一个问题，我们修四加行这样最基础、最简单的修法，如果暂时找不到灌顶的人，先修也可以。修行的一般顺序是：首先是接受灌顶，然后去学习，最后再去修行。但是这个顺序我们也可以调整一下，比如说我想修四加行，但暂时没有人给我灌顶，那我可以先去修，灌顶以后再去补。像四加行这样的修法是比较基础的修法，也是比较简单的思考，所以灌顶之前就修的话，我觉得应该是可以的。但是密法是不可以这样的，一定要先接受灌顶，之后再去修。

第二个问题，答案是肯定的，必须要有人指导。我们自己看一下书，然后就去修是不可以的。连小乘佛教的书籍里面都有明显记载，这是不允许的。因为这样会修错，修错了要改过来的话，有时会有一定难度，所以必须要有人指导，然后再去修。如果有条件的话，首先像现在这样面对面地去听，然后接这个法的传承，最后再去修，这是最好不过了。如果暂时没有条件的话，我们可以通过网络学习，把整个修行的思维方式全部学好后，再去听一下这个传承，之后就可以修了。

H 谢谢堪布。我想请教一下您，这位观众朋友其实是初学者的代表，可能有一些人有缘看到咱们这期节目，他也想静静心、打打坐，但是对于四加行和空性的知识都不了解，那他可以打坐吗?

A 可以打坐，不过这种打坐还不算是佛教的真正的修行。在工作压力大、心情不好的时候，为了化解压力，打打坐、静静心是可以的。这种什么都不去想，就是心静下来的修法属于四禅八定里面的禅定，但它的高度和深度没有达到禅定的要求。如果根本就不懂什么叫打坐、什么都没有学是不行的，还是要先去学一下。《慧灯之光》里有我在学校和企业里讲的一些关于打坐的课程，还有一些视频也介绍了打坐的方法，可以先看看这些简单的视频，然后再去修。这里面讲的修法，有信仰或没有信仰的，有传承或没有传承的人都可以修。

2

Q 堪布您好！一些文章说，打坐的时候持双跏趺坐更容易入定，这种姿势可以调伏我们的心，让我们不生散乱，少一些杂念，精神集中。请问是这样吗?

A 双盘的话可能是可以的，佛经里面经常提到双盘，但是这个要看人。比如说你们，可能不一定双盘就更能够入定，很可能更不能入定了。

H 因为太疼了。

A 对，太疼了，这种情况下单盘就可以了。实在不行的话，就暂时坐在椅子上打坐，但最好还是锻炼一下，单盘就可以了。

Q 其实我的下一个问题您已经回答了。就是每次打坐时我的腿特别疼，已经严重影响到观想了。所以我想问的就是，如果实在坚持不了，可不可以稍微休息一会儿再继续？

A 可以，有两种方法。盘腿对很多人来说还是一个问题，那么我们怎样去适应呢？当我们盘腿 10 分钟或 20 分钟以后，腿就特别痛，念咒、观想都会受到一定的影响。这时候有两种方法，一种方法是强制性的，再疼也要忍住，这样坚持一两次以后，就会越来越容易，这是强制性的训练。另外一个方法，就是比较温和地让自己慢慢适应，腿疼得实在受不了时可以稍微活动一下，但是人不要站起来，不要离开坐垫。腿稍微左右换一换，稍微活动活动，等稍微好受一点儿的时候再做盘腿，继续打坐，这样也可以逐渐适应。

Q 如果腿实在疼得厉害，也可以端坐在椅子上坚持吗？

A 是的，腿实在疼得坚持不下去了，那这个打坐就可以结束了。

Q 好，谢谢您！

H 感谢堪布！我其实还有个小问题，有一些初学者常常会问，盘腿时，一条腿在上面，一条腿在下面。这个跟男左女右有关系

吗？有没有性别的区别？比如男性要把左腿盘在上面，女性要把右腿盘在上面，会有这样的区别吗？

A 没有，一般的修法都没有这样的要求。比如修加行，怎样坐得更稳就怎样坐，都可以的。

3

Q 堪布好！我现在就在禅修班进入四加行的学习了，每天早晨起来打坐的时候，就觉得自己有出离心了，可是一旦下坐之后，还是想去看电影、跟朋友一起玩，怎样去平衡这种关系呢？我也担心要是玩儿多了，修行的心力就会变弱。如果真的变弱的话，怎么样可以让自己心力再次提起来呢？可以念一些什么咒？希望您给开示一下。

A 首先，有了出离心的人是不是不能看电影？是不是不能跟朋友一起去玩儿？不是的。出离心就是我们人生的一个总的目标，也是一个长远的目标。这并不是在一两天，或是一两年就能完成的，是需要逐步完成的。没有学佛或是没有出离心的人，他们的人生目标基本上都是过上稍微好一点的生活，然后在这个过程中，参加你刚才讲到的看电影、购物、旅游等活动。这些就是他们的人生目标，除此之外没有别的目标了。那么有出离心的人是不是要完全拒绝这些东西呢？也不是。但是除了这些东西以外，他们还有一个目标，就是自己一定要超越这个轮回，要解脱，一定要为了这个解脱而奋斗。这样的决心，就叫作出离心。那么这个决心跟购物、看电影有没有冲突呢？没有冲突的。比如说我去看电影，不是我不想解脱，我想解脱，但是我也想去看一下电影，没什么问题的。比如说我去购物，去买一些我需要的东西，这个有问题吗？当然也没有问题，我还是想解脱的。想解脱的话，是不是现实生活中的所有东西都可以不要了？当然不是，人要生存的话，这些都是需要的。我们真正不能做的，就是佛教讲的十不善，杀、盗、淫、妄，等等。除了这些以外，比如看一下电影，然后逛街、购物，这些都没有太大的问题。我们不要认为这两个是冲突的。

另外，你刚才也提到了，如果把所有时间都花在看电影和购物上，那么你的修行可能就会受到一些影响。比如说你长期把修行放在一边，忙自己的工作或者是其他的事情，那修行就会受到一些影响。因为刚刚学佛的人的修行力度本来就不是很强，长时间不修就会受到一些影响。这个问题不是用念咒来解决的，你需要把时间安排好、分配好。我们每天有 24 小时的时间，一部分的时间在工作，一部分的时间去生活。在生活中，刚才你讲的这些，有时候去看看电影等，也可以安排在里面。那么另外一部分的时间一定要安排在修行上，比如说早上晚上的时间。这样你的修行可能就会逐步地恢复了。

Q　谢谢堪布！现在在坐上产生的出离心是不太稳固的，如果有一天我真的有了特别坚固的、无伪的出离心之后，我会不会就对世间的这些娱乐活动完全不感兴趣了？也不想跟亲戚朋友一起相处了，会那样吗？

A 不会。你的境界很高时，娱乐活动也可以去参加。但和没有出离心的时候去看电影相比，你自己的心态可能有变化，看电影所获得的东西肯定也不一样了。因为之前是为了感官的刺激去看电影，尤其是那些大片。之后就不是这样了，你还是可以跟你的朋友，或者其他人一起去参加一些正常的娱乐活动，但是这时候你的心态会有变化。有变化以后，你就能从另一个角度去看这一切。

另外我们打坐时，有时候感觉比较好，自以为是地认为自己已经有了出离心、菩提心，已经很不错了；但是回到现实生活中，尤其是我们遇到了一些问题的时候，所有的烦恼都回来了，打坐时修的修法似乎没有起任何作用。在我们修行力度不是很强的时候，这是一个正常现象，这时我们需要加强修行的力度。只有这样，我们所感受到的、所体会到的东西，才能逐渐被引到我们的生活当中来，从而把生活和打坐时的两种感受，逐步地连接起来。这不仅有助于我们的修行，而且日常生活中也会用得上打坐时的观想方法和体会，这样打坐时和不打坐时就不会有太大的落差。

H **好的，谢谢堪布！我理解您刚刚的意思，首先娱乐是可以的，但要平衡一下与修行的时间；然后随着自己闻思修行的提高，再去娱乐的时候，心里面的状态和以前只是想去得到一个感官刺激已经不太一样了。**

A 对。当我们还没有开悟或是没有什么修行境界的时候，出去旅行所学到的、所感受到的这些东西，与自己有了一定修行基础再去旅行所收获的、学到的东西，所有的体会肯定是不一样的。

我们平时的概念中都觉得需要通过书本来学习。实际上，在学佛的早期是需要这样的，我们需要通过书的内容来改变自己的想法、调整自己的心态。这个阶段就需要有一个引导，所以我们要去听、去看。但到了一定的时候，就不需要书了，因为所有的东西都告诉我们——这和书里讲的一样。无论是人、建筑物、旅游景点，还是我们去购物、去参加娱乐等，所看到的、听到的、感受到的……所有的东西都告诉我们，这和之前在书上看到的、学到的是一样的东西。所以这个时候就不需要再看书学习，因为所有的东西这个时候跟书是一样的效果。

比如当我们没有任何修行时看外面的东西，这些东西对我们有一定的诱惑。这些东西告诉我们什么呢？告诉我们应该去追求它们、拥有它们。这就是物质在无形当中告诉我们的事情，不需要有某一个人来告诉我们应该去追求什么，应该去怎么做。物质就在无形当中给我们传递了一个信息，这个信息有可能是负面的。但有了一定修行的时候，我们看同样一个东西、去同样一个地方，这些物质或者人、事物，也同样给我们传递了一个信息，这个信息就是一个正能量、正面的信息。说不定这些无形当中给我们传递能量的信息，已经远远超过了我们闭门看书，在书里所学到的东西。

H **知识。**

A 知识，对，有可能远远超过它的力量。所以关键不是我们接不接受外面的某一个事情或者某一个物质，最重要的问题就是要调整自己的心态，尤其是我们以什么样的眼光来看这个世界。调整完以后，同样一个世界在我们这里就会变得非常完美。而在我们的心没有调整之前，同样的世界在我们这里可能是一个非常没有意思的、让我们非常讨厌的灰色的世界，这是我们的内心决定的。

所以佛教里面就讲“相由心生”，“相”是什么呢？是万事万物。它不是指某一件事情，人、大自然等全部都叫作相。“由心生”，指相是来自于我的心。并不是说这栋建筑物来自于我的心，而是说这栋建筑物或者这个风景，或者这些人和事物，美丽的或者不美丽的，善良的或者不善良的，好的或者不好的……所有这些都取决于我自己的心如何去看。当然，物质本身可能也有一些客观的特征，但是很多时候这个客观的特征到了我这里、我的空间时，因为我的心态，就会有所变化。所以参不参加娱乐、购不购物、逛不逛街，这都不是问题，问题是怎么去看这些事情，怎么去用这些事情。

4

Q 堪布您好！我想问一下，在修四加行思维到暇满难得，三恶趣无暇的时候，深深感觉到他们确实非常痛苦。思维之后，在一座修行结束之前简单地修一个自他相换，这样做可以吗？请您开示。

A 这样做是可以的。你修了轮回的痛苦或者地狱之苦后再修一个自他相换，当然是可以的。这样就给自己增加了一个功课、一个修法，是可以的。

Q 那这样能使他们的痛苦有所减轻吗？

A 实际上普通人给他们回向，想直接利益他们比较难，除非是有禅定的功夫，还有很高的修行力，有时候会有帮助，而我们一般人不一定有这个能力。但是我们把功德回向给他们，这个确实有帮助。对于刚刚入门的初学者，自他相换这些修法还不是为了减轻他人的痛苦，而主要是训练自己的慈悲心。当然，那些众生也可以逐渐得到一些利益。

5

Q 堪布您好！我每天打坐时间有限，修四加行观地狱痛苦的时候，只能观想一次，不能多次观想，每次差不多也就10分钟，时间很短。那我如果长期这样观想的话，是不是对我的打坐、调心、修菩提心能够有所帮助？想求教您一下。

A 有帮助的，哪怕是10分钟、5分钟，都有帮助。但是一般我们修四加行，例如轮回痛苦，时间还是不要太短，还是要20分钟、半个小时。如果你想休息就休息一下，然后再去修。一般比较标准的打坐的时间，一座差不多是两个小时左右。所以打坐10分钟可能作用不是很大，但是也有帮助。比如说你先打坐10分钟，如果有其他原因不能坚持，那10分钟以后稍微休息一下，然后再打坐下一个10分钟，再下一个10分钟，这样也是可以的。这样对你去思考轮回的痛苦、地狱的痛苦、人类的痛苦等都是有帮助的，不但如此，还有很大的功德。有些人认为，平时我们念经、磕头是有功德的，而我们去学习、听法的时候就只是学习而已，没有什么功德。但实际上，听法、学习、思考是非常有福报、有功德的，同时还可以解决自己的烦恼。因此即使是瞬间、弹一个手指头的时间去观想的话，也是有功德的，10分钟的话就更有功德了。

H 堪布，我理解，您的意思是能做就比不做好。

A 对。佛经里面就有非常明显的记载，比如说修无常的话，虽然弹一下手指这么短的时间，实际上是来不及去想什么的，但是佛就是认为，即使修行这么短时间，也有非常大的功德。所以不仅是修轮回的痛苦，修其他的法也一样，即使时间很短也是有功德、有帮助的。

6

Q 堪布您好！我经过了对轮回过患的学习以后，还是会出现无惧轮回的无明想法，怎么办？

A 通过轮回痛苦的修法，最后就是要达到一个对轮回无畏惧的状态，你是不是提前到达这个终点了？（我是开个玩笑啊）

我想这个可能还是思考不到位，还要反复地去思考，坚持一段时间。

7

Q 堪布您好！我想接着问一下四加行和五加行的问题，因为您也一再强调四加行和五加行的重要性，而我们现在也是在修前行，所以我想问一下是不是按流程、按规定修完了四加行，就能够进入五加行的修行了？有没有一个检验标准，就是什么时候四加行算修合格了才可以修五加行？还是只要按流程修完，就可以进入五加行的修行？

A 有，唯一的标准就是当你把四个加行全部修完了以后，看看有没有达到它的结果，这个结果就是出离心。如果说花了很长时间，四加行都修了，但是还是没有出离心的话，那就只是走了一个过程而已，实际上还是没有结果的。没有结果的话就要重新再修，所以四加行的结果是出离心。有了出离心，就可以说这个四加行修成功了，那就可以接着修五加行。如果出离心还没有的话，那现在就不要着急修五加行。修行就是这样，如果前面的有些东西没做好就去做后面的，那后面的照样会做不好。因为这些修法前后都是有关系的，前面的某一个环节没有做好的话，一定会影响到后面的效果，所以如果这时候还没有标准的出离心的话，那么就要再回去修四加行。

Q 还有，如果在规定的时间内修完四加行和五加行，那算不算已经圆满了加行修持？刚才您也说了，修完前行，检验修行成功的标准是有真正的出离心，修完加行成功的标准是有真正的菩提心。但是您好像也在某篇文章中说过，真正具有标准的菩提心得是登地菩萨以后，那这样的话大家是不是就没有机会再修后面的密法了？

A 不是这样的。真正的菩提心是登地以后，这是胜义菩提心。什么叫胜义菩提心呢？就是证悟空性的智慧。我们通过五加行所修的菩提心不是胜义菩提心，是世俗菩提心。这个菩提心不需要修行很高才能修，我们随时都可以修的，这两个要区分开。我们现在修的叫作世俗菩提心，只要你有了出离心，以后随时都可以修。

H 感谢堪布非常细致和耐心的讲解，也感谢各位观众朋友们热情踊跃地提问。我相信大家对于实修还有很多疑问，但是因为咱们的时间有限，所以这期节目就要告一段落了，更多的精彩互动，下期节目再见，朋友们再见。

让心不再随世事流转

——《慧灯·问道》“实修篇”第 6 期

H 各位观众，大家好！欢迎收看《慧灯·问道》节目。在我们的闻思修行过程当中，实修是必不可少的一环，而在实修的过程中大家又会遇到各种各样的问题，因此在上一期节目当中，慈诚罗珠堪布就这一问题与我们进行了互动。这期节目我们接着与慈诚罗珠堪布进行交流和答疑，感谢大家的收看，感谢慈诚罗珠堪布。

1

Q 堪布您好！我们需要观想佛菩萨和上师的形象，但是很多师兄说观想不清楚，这样是否会影响实修效果？另外在这个过程中，我们观想佛菩萨、观想上师的作用是什么？

A 各个修法的要求不一样，有些修法必须要达到比较高标准的观想，有些只要心里去想就可以了。比如净土宗观想阿弥陀佛和观想西方极乐世界，其实要求不是很高，不需要很高标准地去观想。比如说我们看《佛说阿弥陀经》和《无量寿经》，里面描述了阿弥陀佛的功德以及极乐世界的一些情况。我们看完以后，心里就有了一个抽象的概念。就像你从来没有去过某一个地方，一个去过的人回来给你讲，你的脑海里就会有一个画面。虽然这个画面不如自己亲自看到的那么清楚，但还是有一个画面，那就可以了。

所谓高标准的观想，就是很清晰、很清楚地观想。密法里面的观想要求就比较高，越清楚越好。一开始，我们没办法观想得很清楚，那就需要有方法。这个方法，我在《慧灯之光》里讲过很多次。假设我们要去观想释迦牟尼佛，那就先去看释迦牟尼佛的佛像。通过我们的眼睛，把释迦牟尼佛的佛像印在我们的大脑里或是心里，就像拍照一样。能做到这样，打坐的时候瞬间就能观想得非常清楚。要做到这一步需要时间，还需要方法。你们可以从《慧灯之光》了解到这些修法，里面有生起次第的修法，还有五加行里面的金刚萨埵的修法，都讲过观想的方法。没有这个观想方法，花再多的时间也不会观想得很清楚。

Q 谢谢堪布！观想的时候出现了恐怖的景象，比如说想着想着，本来是佛菩萨和上师的形象，突然变成了妖魔鬼怪的形象。

A 那是恐怖片看多了。

Q 那这个怎么办呢？那个时候就会有点害怕，然后也不知道该……

A 这个可能会有的。比如说观想的时候，本来我是在观想佛，可佛的面孔变成了一个妖魔鬼怪的面孔，或者是另外一个我生活当中比较熟悉的人的面孔，这个都有可能。但是这时候你不要跟着它走，要调整心态重新去看这个佛像。佛像看好了以后，把佛像印在自己的内心当中，这样就可以解决你说的这个问题了。

还有在观想的过程当中，这个佛像可能会变形、变色。比如本来是红色变成了蓝色，本来是一个站着的，但观想出来就是一个坐着的，还有大小等也有可能变化。这都没关系，一旦有了变化就停下来，然后再去看这个佛像，重新从头开始观想就可以了。

2

Q 堪布您好！我们修自他相换的时候，观想吸入众生的痛苦，呼出自己的福报等，那么吸入和呼出是在每一次呼吸时都要观想呢？还是先集中在吸气时观想，然后在呼气时再观想？因为每次呼吸的时候都观想的话，吸气、呼气时间比较短，往往还没有观想完就呼完、吸完了，所以总是很慌乱。

A 等不及了，是吧？

Q 对，堪布。

H 时间太紧张了。

A 是。这个没问题，你首先要把自他相换所有的修法学好。学好后，准备修的时候再把心态调整好：我一定要把我所有的幸福快乐送给所有的人，我一定要把所有人的痛苦、不快乐、不开心的事情由我来代替承担。调整好心态后，这个观想其实是一个方法而已。比如说，每一次呼吸的时候观想一整遍是可以的，或者就像你说的，每一次都这样的话，可能是有点来不及。来不及的话，那你就像刚才说的先准备好，准备好了以后，吸气的时候，把所有众生的痛苦吸进来，然后就想一想，这个中间有几个呼吸都没关系。想好了以后，你在呼出去的时候，又把自己所有的快乐送给别人。不是每一次的呼吸都一定要这么去观想，自己怎么样调整都没问题。

3

Q 堪布您好！在观修释迦牟尼佛化光，像佛珠大小的光点从头顶融入我们的心间，然后就看着这个光点，过去的、现在的、未来的都不去想，但是为什么我观想的感觉只能停留短暂的几秒钟？是我的观想有问题呢，还是刚开始这个情况是正常的，就应该是这样的，以后这种感觉就会慢慢地安住了？感谢堪布！

A 比如说我们观想释迦牟尼佛或是观想另一个佛菩萨，观想好后，他逐渐化光，最后就变成一个很小的像一粒豌豆大小的光。这个光从头顶进入到了心间，这时候我们观想这个光跟我们的心融为一体，变成了一味一体。把所有的念头放下，不去思考过去、未来，当下的这颗心也就达到一个非常平静的状态，然后在这个状态中停留。

但是初学者都是一样的，在这个状态中停留的时候，只能停留几秒钟。5 秒钟、10 秒钟，一两分钟已经是很不错了，很快就会有其他的念头。如果这一座中只是修无念、平静这个状态，那么产生了念头的时候，想办法解决这个念头，当它消失后，又安住在这个状态当中。如果这一座中不是专门修无念，那把释迦牟尼佛融入自己的心就是前行，后面还有其他的修法，那产生念头的时候就可以不管了，而是再进一步地去思考其他的问题、修其他的法。你刚才提到了几秒钟或者几分钟，这个是正常的现象。如果我们要在这个状态中停留更长时间的话，那就要专门去修禅定，修了禅定后这个时间就可以逐渐地延长。

Q 感恩堪布！当光点到了我们的心间以后，是观想我融入了光点，还是观想光点融入了我？谢谢。

A 这个光代表释迦牟尼佛的智慧，它到我们心间的时候，不是我融入了光，也不是光融入了我，是我们自己的心和这个光融合在一起，我们的意识跟光变成了一味一体。也就是说，释迦牟尼佛的智慧和我们的心融为一体。

H 谢谢堪布！其实之前我刚好听过您讲安住，当时您说“什么都不要想地安住一下”。刚好这时有一个朋友也听到了，他说这不就是发呆吗？但是其实这两个肯定是有区别的，也请您给刚

开始学佛的朋友们讲一下，发呆和安住到底有什么区别？

A 发呆的话，比如说你很辛苦，或者是其他的原因，一坐下来什么都不想去思考，就没有什么念头了。这个时候它是一个什么样的状态呢？从佛教的角度去分析，发呆就是人的意识在此时没有工作、没有去思考，就是回到阿赖耶识的状态当中。我刚才讲的那种无念，对没有证悟的人而言，也是阿赖耶识的状态。所以这两个都是阿赖耶识。

阿赖耶识是一个佛教术语，指我们意识最基础的层面。比如说，大海上有风时就会有波浪，没有风时，海面就会变得比较平静。但是不管是有风还是没风，海底都是如如不动的。同样的，我们的意识有时候想这个、想那个，有时候又没有活动，但是最基本、最基础的这个层面一直都是如如不动的。我们人为地修行，故意把这个思维幅度降下来，让它回到阿赖耶识的层面，这就是禅定。有时候因为身体很累或者其他的原因不想思考，那么自然也就回到了这个状态中。所以本质上，如果没有达到一定禅定境界的初步禅定，没有证悟空性的智慧，那么这种禅定跟发呆就有一些相同的地方了，两个都是回到阿赖耶识的状态。

但是发呆的话，即使发呆时间再长也就只是发呆而已，不会有什么功能，不会让你修出什么东西。禅定虽然状态跟发呆有点相似，但是稍微懂一点禅定的方式再去修的话，即使没有证悟的智慧，在禅定当中也可以减少我们的烦恼。不是断除烦恼，只是可以控制烦恼，并且可以修出神通，但发呆就没有这些功能。这些就是它们的差别。

H **发呆肯定是没有功德的，但是禅修是有功德的。**

A 对，它们两个有一些相似的地方，也有很不一样的地方。

4

Q **堪布您好！有人说打坐不适合在夜间进行，容易看到一些恐怖的景象。请问您打坐是不是最好在白天进行？**

A 不是。有些说法，比如打坐不能夜间、不能上午、不能晚上啊……这些说法特别多，但都不是来自于佛经，而是师兄们自己想出来的，也不知道他们为什么这么想出来。佛经里面只有一个说法，就是以戒为师，也就是以经为师，以佛经为师。我们要看正规的佛经里面有没有这样的记载，没有的话就不要听。打坐白天晚上都可以，尤其是我们一天修四座的话，就是凌晨的时候一座、上午一座、下午一座，然后晚上一座。这最后的一座本来就是要晚上修的，所以根本没问题。晚上打坐不会看到什么恐怖的东西。我想如果晚上打坐真的会看到什么恐怖的东西，那白天打坐也会看得到。

Q **那白天打坐时，灯光是不是最好要暗一些，环境要静一些？这样是不是更容易入静一些？**

A 没有。如果是，可能是你个人的问题。如果我们打坐时心特别散乱，胡思乱想，根本就静不下来，这可能与光有一点点关系。把打坐的地方的光稍微调暗一点，也许会有帮助。一般的情况下，亮一点、暗一点都没有关系。

H **其实有些想法可能是自己的想法，然后再传给别人，传来传去意思就变了。所以还是流言止于智者，大家应该去查查佛经上面有没有记载才对。**

A 对。

5

Q 堪布您好！有人说在家居士不能做烟供和施食，请问是不是这样？

A 不是这样的。在家人或出家人都可以做烟供，它主要是布施给饿鬼道的众生。我们布施了烟供，是不是它们就会来找我们呢？不会的。如果它要找的话，随时都能找到我们，所以这些都是不对的。烟供谁都可以做，都没有问题的。还有一个你没有问到的，有些人说夜间不能做烟供。其实这些都是不对的，可能是他们自己想出来的。

H **这位朋友问的问题让我想到，有人说要给大家施米，却又在上面挂了一个“千万别来”的牌子。本来烟供就是给鬼神的，但是又让它们不要来，这就没法做了。**

A 对，这样就矛盾了，就没法做了。

6

Q 堪布您好！这是一个关于修寂止的问题，在修完了两遍五加行之后，可不可以接着修寂止，或者是禅宗的参话头这些修法？

A 加行不能以数量来衡量，主要是看菩提心、出离心有没有达到标准。如果达到了标准，修一次后就可以修寂止，还有禅宗讲的空性，藏传佛教的大圆满都是可以的。如果是质量还没有达到的话，那两次、三次不行，五次也不行。

Q 那在五加行没修之前能不能修寂止呢？

A 也可以的。因为我们修五加行的过程当中，心可能会定不下来，也会有很多的烦恼。为了解决这个问题，在五加行之前修一修禅定、寂止也是可以的。

7

Q 堪布您好！苦谛的四个行相里，为什么包含了空性和无我？

A 苦谛是什么呢？苦谛就是我们现在看到的，比如说外在的大自然，还有有情众生，这些都叫作苦谛。如果有一个自我的话，那应该是在苦谛上面。也就是说，如果有自我的话，要不然就是在大自然当中，要不然就是在我们人类或者是有情众生的身上。如果这些里面都没有自我的话，那么四圣谛里面其他的三个圣谛上面，是不可能有的。因为平时大家都认为有一个自我存在，那么让我们认为自我存在的这个东西，实际上就是我们的肉体和精神，而肉体和精神都是属于四圣谛里面的苦谛。那么如果肉体和精神上没有自我，苦谛上面也就没有自我了。我们平时看到的、接触到的，就是我们自身内在的精神以及我们的身体、外在的这个世界。这些我们认为真实不虚的东西如果是真实的话，那我们的精神世界、肉体、外面的世界都应该是真实的。但现在我们通过观察，发现这个精神世界不是真实的，肉体、外在的世界都是虚幻的，这些都叫作空性。那么这些是什么呢？这些不是其他的圣谛，而是苦谛。所以苦谛里面就有无我和空性，原因就是这样。

Q 请问堪布，四圣谛中，苦谛的四个行相——无我、无常、苦、空性，灭谛的四个行相——灭、净、妙、离，这些行相的详细描述是佛经当中的描述，还是后来大德描述的呢？

A 这些都是佛的描述，在大乘佛教、小乘佛教，最原始的佛教里面都有的，后来的祖师大德也解释了很多。比如说像弥勒菩萨的《现观庄严论》，世亲菩萨的《俱舍论》，还有无著菩萨的《大乘阿毗达磨集论》，这些里面也有，也解释了很多。但是这些解释全部都是来自于佛经，所以这些都是佛经里面描述的。

Q 因为四圣谛当时面对的是小乘的受众，那么它的侧重点是在世俗谛上，还是在胜义谛上呢？

A 小乘佛教有四圣谛，大乘佛教也有四圣谛，密宗也有四圣谛。四圣谛就是整个佛教的一个框架，所有佛教的修行过程都不会超越这个框架。不仅仅是小乘佛教，也不仅仅是大乘佛教，大家都是按照这个去做的，所以四圣谛的四个谛是不变的。但是里面的内容，比如说痛苦怎么去理解？大乘和小乘稍微有一点点不一样。另外无我和空性怎么去理解？这个深度、高度，大乘和小乘也有一点点不一样。还有密法的理解，也有不一样的地方。不一样的并不意味着是矛盾的。大乘佛教的四圣谛包含了小乘佛教的四圣谛，但是小乘佛教的四圣谛就不能包含大乘佛教的四圣谛，因为它多了一些内容。密宗的四圣谛包含了显宗小乘的、大乘的四圣谛，除此之外，还有密法的一些内容。所以四圣谛是整个佛教的，并不仅仅是小乘的。另外，四圣谛里面的苦谛、集谛和道谛都是世俗谛，灭谛是胜义谛。

Q 特别感恩！我们在学修过程中，应该说也算很精进，但是在证悟之前万一无常了，我们怎么对治这个无常？

A 首先是修一修破瓦法，做好准备。修破瓦法之前要去灌顶，因为破瓦法是密法里面的一个具体修法，所以需要灌顶。灌顶后就学一下破瓦法的修法，这个修法不是很复杂。然后就去修，先是修一个星期左右，比如说从早到晚，大家一起共修是非常好的。一个星期后，可能会出现一些修成了的标准、验相。之后每天可以坚持修短短的时间，5 分钟，甚至更少也可以，这样到时候就可以用得上。另外，你还可以看

《修心七要》，这里面有一部分是专门讲怎样用菩提心来面对无常的。这在《慧灯之光》里面有，音频、视频、书里也都有。《慧灯之光》里还有一些如何面对死亡的内容，既有密法的，也有菩提心的，都讲得比较清楚，学一学这些，然后做好准备。

H 感谢堪布非常细致和耐心的讲解，也感谢各位观众朋友们热情踊跃的提问，我相信大家对于实修还有很多的疑问，但是因为时间有限，所以这期节目就要先告一段落了，更多精彩互动，下期节目再见，朋友们再见。

怔悟才是真正的开始

——《慧灯·问道》“实修篇”第 7 期

H 各位观众，大家好！欢迎大家收看《慧灯·问道》节目。海上行舟经常遇到迷雾重重，找到灯塔才能获取正确的前进方向。实修也是如此，各种问题只有聆听智者的解答才能逐一化解，才能不断进步。在上一期节目当中，慈诚罗珠堪布就实修这些问题为我们进行了解答。这期节目我们接着与堪布来进行互动。掌声有请慈诚罗珠堪布。

非常感恩您再次做客我们的节目跟大家进行互动。

1

Q 堪布您好！现在我在帮助别人的时候，会观察自己的发心。但我发现，慈悲心的比例可能没有那么大，也没有那么强烈，可能更多的是出于责任心。所以我想问一下，这样的发心是不是可以成为培养菩提心的基础？或者符不符合这样的标准？

A 要看这个责任心的具体的内容。比如这个责任心是因为所有的众生曾经是我的父母，当时他们做我父母的时候，每一个人、每一个生命对我都恩重如山，那么现在我有责任去报恩。如果是这种责任心的话，那就可以达到同样的效果。如果你说的这个责任心没有那么深，只是因为我们的社会责任、家庭责任，那就达不到菩提心和佛教讲的慈悲心的高度，所以也不一定可以作为菩提心的基础。但是不管怎么样，慈悲心也好、责任心也好，做利他的事情在大乘佛教里面是非常重要的。

如果你在这时候没有太多的慈悲心，多数都是责任心的话，那你发现的时候可以调整。最好是每一次为别人付出的时候先去观察一下，当发现自己的慈悲心还不够，更多的是责任心时，你可以提升一下慈悲心，修一修，这样的话也就可以了。

2

Q 堪布您好！我们修行的时候，怎样能辨别自己是否生起了菩提心呢？

A 这个比较容易辨别，首先我们要去了解菩提心是什么。简单地说，菩提心需要两个标准：一个是下定决心我要度天下所有的众生，只要有机会能够帮助到他们、度他们的话，我都愿意去度，一个也不例外。另外，我要去度那么多的人、要帮助那么多的人，那我自己也要有能力才可以。那能力是什么呢？一个是智慧，另一个就是慈悲。只要我有这个能力，我就可以去度；没有能力的话，我自己的烦恼都没有解决，这个时候度其他人是不可能的，所以我一定要成佛。要看自己有没有这样发自内心的两个决心。

只要有这两个决心，并且这两个决心都是发自内心的，那么就完全可以确定自己已经有了菩提心。如果这两个决心，有一个不是很坚定的话，那么就可以确定自己目前还没有菩提心。

3

Q 堪布您好！我们经常听人说，某人在修行中开悟了、证悟了、成就了。但是这些成就者他是否真的证悟了，是谁说了算呢？是他自己，还是大家呢？

A 我们经常听到谁开悟了，谁是开悟人，谁是再来人，这些是没有办法印证的，一般的人不知道他是真的开悟还是没有开悟。但是如果你一定要知道的话，也有一个方法。你可以去观察这个人，去了解一下他平时的生活方式是什么。一个开悟的人的生活方式，如果还与我们没有开悟的人是一样的，去追求名利，为一些很小的事情与别人斤斤计较，甚至吵架，做些钩心斗角的事情等，跟我们普通人是一模一样的，那我们完全可以高度怀疑他的这个证悟。

另外，你也可以去看看他平时在做什么。除了赚钱养家糊口以外，他有没有做什么特别的事情。没有的话，也就不一定是证悟了，证悟的人总得有一点点不一样的地方。所以我们不要看他说什么，要看他做什么。如果你觉得，关于他的开悟和不开悟对你特别重要，那就可以这样去了解一下。如果你不想跟他学法的话，那他开悟不开悟都无所谓，跟你没有什么关系，也没有必要去观察。但是如果你想要跟他学什么法的话，那就必须要观察。

说到开悟、没开悟，这在汉传佛教的禅宗里面有一个传统。比如当年达摩祖师回西方的时候，他把所有的弟子都叫过来，让他们描述自己内心的感受。然后达摩祖师就对每一个人说，“你只得了我的皮肤”“你得了我的肌肉”“你得了我的骨骼”，最后就是慧可法师。慧可法师在达摩祖师面前一句话都没说，站了一会儿就走了。然后达摩祖师说：“你得到了我的骨髓。”一般修行非常高的上师，不需要通过语言就可以知道他的弟子有没有开悟。当然，这是最高端的验证方法，一般的人是做不到的。

直到现在藏传佛教的密法都是这样，我们的上师知道我们有没有开悟。我们听了一个法以后去修，修了以后有一定的心得体会时，就去和上师讲。讲的时候是有要求的，在整个过程中不允许用佛教里面现成的词汇，包括光明、空性、佛性、如来藏……这些谁都会说的话是不允许用的。你只能用日常生活的语言来表达自己的感受。因为上师们对开悟和修行方面有着非常丰富的经验，一下子就能知道这个人开悟了没有。除了他们，我们一般的人没办法知道。

H **好的，感谢堪布！我理解您的意思，就是说，普通人如果想要亲近一位善知识，想了解他有没有开悟，应该要看他做什么，而不要看他说什么。**

如果我们修行有了一些境界，应该去找我们的上师给我们印证一下，看看有没有达到这种状态，是这样吗?

A 对。我们在网络上经常看到，某某某就是多了不起的法王、多了不起的活佛、多了不起的成就者，甚至有些人都不说自己是什么转世，直接说自己是佛。这样的情况太多了。就我个人而言，越是说这些话的人，我越是对他持怀疑态度。如果真的有这样的修行人、开悟的人，那默默无闻的这些人当中，就可能真的有高手、有成就者。那些经常炫耀自己身份的人，说自己转世了多少次——其实转世也没有什么，我们每个人都在转世，而且我们的转世根本数都数不清楚，不是什么二世、三世、五世了，已经是成千上万世了，这个谁都数不清楚。还有就是直接说自己是什么佛的再来，我一般都不太相信这些。但我非常相信佛的“四圣谛”，佛讲的因果、轮回等，非常相信。

但是现在这种事情太多了。这些最懂得包装自己、宣传自己的人，大家都觉得他们开悟了，很了不起，其实我不这么认为。当然，如果我们没有打算要向他们学习什么东西，那我们也不要去评价。别人成就不成就，跟我们没有什么关系。但如果我们要向他们学习，那就不要去看网络上的这些东西，都是江湖传言。

4

Q 请问堪布，在证悟空性的同时，大乘菩提心是不是可以自然呈现？一个小乘的修行者如果证悟的话，那他是不是会转为大乘修行者？

A 对，小乘佛教的修行人进入大乘的比较多，他们有三个时候可以进入大乘。比如他通过小乘佛教的一系列修法，最后得到了阿罗汉的果位，然后在阿罗汉的果位上停留一段时间，再进入大乘佛教。但是小乘佛教他们自己是不承认的，因为他们认为阿罗汉这个果位已经是最高了，再也不会进入其他的佛教。但是在大乘佛教看来，阿罗汉还可以进入大乘佛教。

另外，有些人是在修行的过程当中就进入大乘佛教了，这当中也有你刚才说的这个原因。比如说因为他证悟了空性——虽然大乘佛教的证悟和小乘佛教的证悟，深度和广度都有区别，但是他证悟的也是空性的一部分。证悟空性后，他有可能因此就进入大乘佛教。但这并不是说所有证悟空性的人都会进入大乘佛教，不一定。也有人学了小乘佛教的经典，加上他自己过去的善根成熟，在还没有证悟的时候就进入了大乘佛教，这些都会有的。

但是大乘佛教的空性跟小乘佛教的空性不一样，深度、广度都不一样。大乘佛教这么广、这么深的空性，证悟了以后一定会有菩提心，但小乘佛教的话就不一定是这样。

5

Q 堪布您好！我们每天在念诵日常仪轨的时候，就会念到菩萨戒的部分。那是不是念到这个菩萨戒仪轨，我们就会得受这个菩萨戒呢？是不是每天都要坚持念诵和受持，才能保持这个菩萨戒呢？

A 对，菩萨戒我们每天都可以受。甚至是每一次念诵这个仪轨的时候，都可以受。我们发菩提心，把佛菩萨观想在面前的空中，然后从佛菩萨那里受菩萨戒，每一次都可以这么做。菩萨戒和居士戒、八关斋戒是不一样的。居士戒、八关斋戒受了一次以后就不需要再反复地去受，但皈依戒和菩萨戒，我们每一次念诵的时候都可以受，每一天都可以受。所以你每次念仪轨的时候，都可以观想发菩提心、受菩萨戒，这个仪轨里面本身就有受菩萨戒的内容。

Q 因为我们对菩萨戒到底是什么还不太了解，如果我们在念诵中自己不小心就受了这个菩萨戒，那会不会很容易就犯这个戒呢？

A 那多好啊，这个是意外的收获。

Q 那要是犯了戒怎么办呢？很紧张。

A 你先阅读一下《慧灯之光》，里面有讲菩萨戒，先去了解一下。菩萨戒可以分三种不同的层次：最简单的菩萨戒只有一条，基本上我们凡是有菩提心的人都能够做得到。其次就是有四条戒，这四条戒的每一条可以各分成两条，如果这样细分的话就有八条。四条戒到八条戒也不算很多，我们也可以选择守这样的菩萨戒。然后第三种菩萨戒稍微多一点，但也不超过二十条。

了解了菩萨戒之后，再确定自己要受一条戒、八条戒，还是二十条戒。其实这些里面主要的问题就是，因为我们没有菩提心，所以会觉得守菩萨戒很难。如果有了菩提心，那么菩萨戒里面没有什么做不到的。一般的戒条我们平时也不会去犯，有几个需要稍微注意一下，其他的都是没问题的。

Q 谢谢您！听说如果违犯了菩萨戒的根本戒，那这一生就没有办法解脱、成就了，是不是这样啊？

A 不是，可以忏悔的。在佛教里面，佛陀赞美、赞叹两种人：一种是根本不犯戒、一直都非常清净的人；另外一种是犯了戒、犯了罪，但是懂得忏悔的人。这两个基本上都可以达到同样的效果，尤其在密法里面就更是这样了。虽然犯了罪、犯了戒，但只要认认真真地去忏悔，忏悔之后还是可以解脱、可以成就的。你说的是小乘佛教的观点，小乘佛教认为，如果犯了它的根本戒的话，那至少在这一生当中不能获得阿罗汉的果位。

H 堪布，您刚才讲到了菩萨戒的问题。我们有时候，比如说共修或者是自己读经文之前，会念到菩萨戒的仪轨。但是实际上心里没有做好准备要去受菩萨戒，那么会因为念了仪轨就受菩萨戒吗?

A 不会。受菩萨戒必须要在心里做好准备，主要是心里下定决心我要受菩萨戒，而且知道什么是受菩萨戒。因为光是想我要受菩萨戒也不行，什么是菩萨戒，怎么样去受，这些都要明白，然后再去念仪轨才会得到菩萨戒。如果心里没有做任何的准备，只是念一下这个仪轨，那就根本不需要害怕，什么也得不到。

H **我在想，要是大家不知道的话，就会很犹豫以后还要不要再念了。因为很多人可能没有做好受菩萨戒的准备，会有担忧。**

A 不会，在这种情况下根本得不到什么戒。

H **那菩萨戒一定要在一个具德的高僧大德面前受吗?**

A 最好是这样。首先要自己心里做好准备，最关键的准备就是要有菩提心。

现在汉传佛教里面，授戒的时候就授三坛大戒。三坛大戒其中一个是菩萨戒。这些受的人不一定每个人都有菩提心。这种情况下受这个戒，能不能得到一个真实的戒呢？不能得到一个真实的戒。但是过去的祖师大德考虑到，没有菩提心的这些人在受三坛大戒的时候，虽然得不到这个菩萨戒，但是通过受菩萨戒，至少可以在他的心里播下一个大乘佛教的受菩萨戒的种子，对他们也是有利的。就是因为考虑到这一点，所以大家可以受菩萨戒。

实际上那个时候到底有没有得到菩萨戒，还是要看自己有没有菩提心。没有菩提心是受不到的。所以受菩萨戒的话，首先是要做好菩提心的准备，然后再去受就可以得到菩萨戒。

H 那一般灌顶之前，其实是有一个受菩萨戒的前行部分，对吗？一般情况下，如果受了灌顶，实际上也就得到菩萨戒了吗？

A 对。如果是之前就有出离心、菩提心，而且没有专门去受过菩萨戒，那这种人参加了灌顶，这个算不算是真实地受了菩萨戒呢？算。因为基本上每个灌顶的前面，都有一个受菩萨戒的仪轨。虽然比较简单，但是确实有这个内容。所以灌了顶的人，如果有菩提心的话，那他可以认为自己有菩萨戒。

但是灌顶也是同样的情况。汉传佛教的三坛大戒、藏传佛教的灌顶都是一样。按理来讲，一个接受灌顶的人，应该具有出离心、菩提心，但是实际上灌顶的时候，不一定每个接受灌顶的人都是这样。如果一个人既没有菩提心，又没有出离心，那么去灌顶的话能不能得到菩萨戒呢？还是得不到菩萨戒。

H 还是先要有菩提心，才能得到。

A 对。所有菩萨戒都是在菩提心的基础上。没有菩提心的话，基础都没有，根本就不可能得到菩萨戒。

6

Q 堪布您好！如果一个人火化之后有舍利，我们会觉得他可能是大成就者。但是我听到另外一些人在讲，舍利并不一定是判定这个众生成就与否的一个标准。有这种说法吗？

A 舍利子有各种各样的。一些修行人虽然没有达到成就的高度，但平时非常努力地去行善，像这样做很多善事、心非常善良的人也会有舍利的。佛教的书籍里面也提到过，有些舍利不是很好的，比如说一些妖魔鬼怪变化的舍利。人们听说某位活人的身上掉出舍利，很多人就去崇拜这个人，然后这个人又传播一些非常不好的东西给大家，把一大群的人拉到邪道上面，这就是很多妖魔鬼怪在作怪。一般黑色的舍利子都不是很好的。真正的成就者，比如说大圆满的修行人会有一些舍利，我们可以通过一些方法去辨别是不是真正的舍利。总的来说，舍利子里面就有各种各样的舍利，不是所有的舍利都是很好的。

H 感谢堪布非常细致和耐心的讲解，也感谢各位观众朋友们刚才热情踊跃的提问。我相信大家对于实修还有很多的疑问，但是因为咱们的时间有限，所以这期节目就要告一段落了。更多的精彩互动，下期节目再见，朋友们再见。

世界好似梦幻泡影

——《慧灯·问道》“实修篇”第 8 期

H 各位观众，大家好！欢迎大家收看《慧灯 · 问道》节目。在我们的闻思修行过程当中，实修是必不可少的一环，而在实修的过程之中，大家又会遇到各种各样的问题。因此在上一期节目当中，慈诚罗珠堪布就这些问题与我们进行了互动。这期节目慈诚罗珠堪布接着和我们进行交流和答疑。感谢大家的收看，感谢慈诚罗珠堪布。

1

Q 堪布您好！既然实相无我，我并不存在，那么无始以来轮回的是谁？最终证悟的又是谁？

A 佛教里面讲有轮回、有转世，然后又讲无我，这两个概念似乎是矛盾的，所以很多人不明白。理解这个问题要分层次，举一个很容易理解的例子，比如说一个人做梦，梦中同样有一个我，梦里面的我需要生存、需要生活，现实生活中的一切，梦里面都会发生。那么梦里面到底是有我还是没有我呢？这时候我们要分两个层次来看。从梦中人的角度来讲，确确实实有一个自我的存在。这个我同样也是为了生存而奋斗，如果达不到目标的话，同样也是很痛苦的。我们在生活当中是什么样子，他也就是什么样子。所以从他的角度来讲，就不能说没有这个我。然而从另外一个角度，从现实生活的角度，再看有没有这个梦？没有。梦境和梦里面发生的所有一切都不存在，所以也没有那个自我。那么这两个的层次就不一样：一个是在做梦，在梦里的时候有一个我；另外一个是已经苏醒过来了，从苏醒的角度来说就没有我了。

同样，佛教讲有我，有轮回，有因果，那么这个是什么呢？这个应该是还没有开悟的人，有无明、有迷茫的人，从他的角度来讲，有我，一切都有。但是对一个有更高境界的人，已经证悟了的人，把一切真相都看得非常清楚的人来说，有没有这些东西呢？没有，从他的角度来讲没有。

还有一个例子，我们用肉眼看这张桌子是存在的，它就是这样一个四方形的家具。那么从显微镜的下面看，还有没有这张桌子？没有，没有我们肉眼看到的这个静止的东西。那么这些矛盾到底如何解决？到底有还是没有？那我们就可以这样看：比如说梦，做梦的人和已经从梦中醒过来的人，这虽然是两个不同的角度，但是这里面，其中一个是真的，一个是假的。然后我们肉眼看到的和显微镜下看到的，结论也不一样，也应该有真和假的区别，不可能两个都是真的，或两个都是假的。

同样，佛教讲的有我和无我，这两个也应该有真和假的区别。那么这些当中，到底哪一个是真的？哪一个是假的呢？梦境中所看到的是假的，现实生活中所看到的相对而言应该是真的。然后我们的肉眼所看到的应该是假的，显微镜下看到的相对而言应该是真的。再来说轮回，没有证悟的人所感觉到的这个轮回应该是假的，证悟的人、有超高智慧的人，他看到的相对来说应该是真相。从我们的角度看是有轮回，但是实际上不一定真的有。

2

Q 堪布您好，记得您说过，真正能够利益众生的实际上是登地以上的菩萨，是这样吗？

A 对。真正没有任何自私、完全是无条件地去利益众生，而且可以利益到很多的众生，只有一地以上的菩萨才能做得到。在一地以下也不能说没有利益众生的机会，但是毕竟因为这个自我还没有放下，所以开始的时候虽然想法是很好的，但是在实际做的过程当中发生了一些其他的事情，就会导致一些自私自利的心。或者是因为做事情的过程中，发生了一些委屈的事情，然后“我”就不想做了，等等。一地之前利益众生的事情不能做得很完美，因为这个自我在，他任何时候都会被干扰。而到了一地的时候，明显的自我执着被打破了之后，他做的事情都是非常完美的。所以在佛经里面，真正利益众生的界线，一般都是放在一地：一地以上就可以帮助很多的人，一地以下虽然也可以，但不是很完美。

比如说我们想去放生，开始出门的时候，是有一颗利他的心，但是出发以后又觉得去的地方太远，没有饭吃，太阳又太晒了，就不想去那么远的地方了，干脆就在近处放生了。这就是不完美的地方。所以在一地之前，会有太多这样的事情。

H 所以佛教说要自利利他，先让自己成就，才能有这样的能力。

A 对。比如说你想给别人看病，首先你必须要学医，学医之后再去给别人看病，这样才能做得很完美。同样，如果要去参加体育比赛，那首先自己要锻炼好，然后在有把握的时候再去比赛，这样才能够拿到冠军。如果什么都没有锻炼，第一天的时候就参加这个比赛，那一定会失败。

同样，很多佛教徒也口口声声说利他、普度众生。那为什么大家都自己修行去了呢？实际上佛教里面有一个意义就是说，虽然我的目标是要利他，但是首先我要把自己做好，做好了以后再去利他。如果我自己都没有修好、做好，这个时候我去利他，尽管动机是没有错的，但是实际上不会有效果。

3

Q 请问堪布，听过佛法的外国人，他们死后也会看见佛或者中阴文武百尊吗？

A 是。中阴的时候，不仅仅是外国人，所有人死亡的时候，在很短的时间内都会看到的。但是有一点训练的修行人，他看到的时间稍微长一点，所以他来得及去修。一般的人瞬间就过了，可能有些人根本都不知道看到了什么。

Q **那就是说，没有听过佛法的人，或者有其他宗教信仰的人，他们在死后也会看见佛和中阴文武百尊，但却认不出他们？**

A 是的。不管有没有信仰，所有人都是一样。死了以后，在一段时间当中，大家都能看到的。

H **堪布，我有点好奇，比如说佛像，有些佛像是按照原来印度人的样子去画的，而汉传佛教，有一些是按照汉人的样子去画的。那么如果外国人真的看到佛菩萨了，会是金发碧眼的样子吗？**

A 这个就像黑人的教堂，里面的耶稣是黑人，这个我看到过。佛像的不同可能是源自不同的民族，每一个民族都画出他们心目当中最帅的、最好的、最庄严的形象。比如说唐朝的时候画的佛像，有长胡子的，也有很胖的形象。还有，尤其是藏族，在西藏最早塑佛像的时候，就是找了几个长得最帅、最漂亮的藏族人，然后按照他们的样子去画、去做佛像。那到底谁才是佛菩萨真正的形象呢？如果说释迦牟尼佛的话，那应该就是像印度人的样子，因为释迦牟尼佛出生在印度。其他佛菩萨的化身，什么样的都会有的，也不能说谁说的是对的，谁说的是错的。

4

Q 堪布好！如果还没有证悟就要面临死亡该怎么办？应该提前做些什么准备？

A 一个方法是藏传佛教里面的破瓦法。“破瓦法”的意思是说，当我们还没有证悟，很多的法也没有来得及修，在这个时候如果面临死亡的话，就需要破瓦法。“破瓦法”就是用另外一种方式把我们自己的意识强制性地送到西方极乐世界，或者是送到一个还可以继续修行的地方，破瓦法就有这个作用。修破瓦法也要锻炼，如果我们现在不锻炼的话，那临终的时候是用不上的。

另外一个方法就是显宗的菩提心的修法，它有五个方面。可以看一看《慧灯之光》，里面有好几课是专门讲如何面对死亡的。有书也有视频，里面我把显宗、密宗的方法全部都讲过了。你们可以先听一听，听完了以后适当地做一些准备，这样的话到时候就用得上了。

H 堪布，刚才您说到两个方法：一个是破瓦法；一个是菩提心的修法。破瓦法的结果是往生西方极乐世界，是这样吗？

A 也不一定。破瓦法一个是往生西方极乐世界，另外一个，本来有一定修证的人通过这个破瓦法，可以更好地连接下一世。破瓦法有不同的层次，一般的破瓦法就是往生西方极乐世界的。

H 那刚才您提到菩提心的修法，它下一世的结果会是什么样的情况呢?

A 下一世可以继续修行。在这一世修行的基础上继续修行，把这两个连接起来。

H 明白了。非常感恩慈诚罗珠堪布今天就各类问题给我们进行了解答。实际上在我们实修的过程之中，确实会遇到各种各样的问题，也确实需要善知识给我们加以引导。我记得在慈诚罗珠堪布的《慧灯之光》系列丛书当中，有一篇名为《观心的窍诀》。这篇文章也提到，无明的力量非常强大，不仅在这一世欺骗了我们，而且生生世世都欺骗了我们。咱们有幸在这一世遇到了大乘佛法并且开始闻思修行，真的希望大家不要浪费这样一个机缘，能够在这一世就争取跟无明彻底永别！也希望大家能够在实修的道路上，不断努力、不断精进，成为自利利他的智者！

我们今天的节目就是这样了，再次感谢慈诚罗珠堪布做客我们的节目！也感谢各位观众朋友们，大家再见！

第六章

放生篇

给生命一个机会

原来这不是真的慈悲

——《慧灯·问道》“放生篇”第 1 期

H 各位观众大家好！欢迎收看今天的《慧灯 · 问道》节目。

有一位出家人，他被人们亲切地称为放生堪布。从 1996 年他发起百日放生活动开始，到现在已经整整二十年。在这二十年当中，有数以亿计的物命获得新生。他就是五明佛学院上师——慈诚罗珠堪布。第一次听到“二十年”和“数以亿计”这两个数字的时候，我非常震惊：是什么样的毅力，让一个人坚持这么多年付出辛劳来做同一件事情？放生本身又有什么意义，能让越来越多的人都投身其中？今天很有幸，我们请到了慈诚罗珠堪布，请他和我们谈一谈放生这个话题。让我们掌声有请慈诚罗珠堪布！

我想请问一下堪布，是什么样的动力让您在这二十年当中，坚持每年放生一百天？另外也想请教您，为什么在众多的宗教当中唯有佛教是提倡放生的？放生有什么意义呢？

A 放生实际上是来自于释迦牟尼佛宣讲的、最原始的佛教教义。放生的真正意义就是给予，用佛教的话来讲叫作布施。

H **布施。**

A 对，布施。作为一个佛教徒，他所有的修行可以归纳为六个要点，这六个要点叫作六度。

H **六度。**

A 对，六度。六度的第一度叫作布施。

H **布施。**

A 对；布施。布施分四种，四种布施等于四种给予——就是对于人类或者其他生命，你能够根据自己的能力给予他们什么？这种给予有四个方面。比如说，你可以给予智慧，用佛教的话来讲就是法布施。

H **法布施。**

A 法布施就是一个人把他在学佛过程中的一些心得分享给大家，这个分享里面就有智慧、有爱心等。还有一个布施叫作财布施，财就是财产。

H **财布施。**

A 对，财布施就是财产布施。就是我们拿钱去帮助需要帮助的人，比如给予福利、参加很多慈善活动等，这是第二个布施。第三个布施叫作无畏布施，就和我们今天谈到的放生有关。无畏布施不仅仅是放生，放生只是其中的一部分。比如说，一个动物面临屠杀，在这个过程中它一定会非常恐惧。这时出现一个人把它救了，让它回归大自然，给了它第二次生命。这样就是给它以安抚，使它无恐惧、无畏惧。

H **无畏惧。**

A 对，让它重新获得了自由、获得了生命，然后可以在它的生存空间里比较安全地生活，这是第三个布施。第四个布施，就是给予人或者动物爱，就是爱所有的人，爱所有的动物。用佛教的话来讲，这叫作慈悲布施。这四个布施，是所有的佛教徒都要做的。作为一个学佛的人，首先要从布施开始，持戒、忍辱、精进，然后就是禅定，最后是智慧，这就是六度。作为一个佛教徒，尤其是大乘佛教徒，必须要做这六件事情。这六件事情里最基础的、任何人都比较容易做到的，就是布施，而后面的禅定、智慧等，是佛教里面比较高端的课程。每一个人都要去布施，布施的内容不好说，如果自己没有，就没办法给予。但是，财产的布施还有无畏的布施，我们一般的佛教徒都能够做到。

佛教认为，四个布施里有两个布施非常关键，这两个布施是什么呢？第一个就是法布施。让大家明白这个世界到底是什么，人生是什么，应该过一个什么样的生活才有意义。然后更重要的就是，怎样能够把自己的这些烦恼或者生老病死的痛苦消灭；同时把这个方法教给大家，更好地去帮助其他人。佛教认为所有的这些给予里面，法布施是非常关键的一个。

其次就是无畏布施，这个也非常重要。比如作为一个人，如果有人给你东西、给你名声、给你地位，你会很高兴，因为这些对你来说都很重要。但是，这些都不如给你第二次生命更重要。人是这样，其他的生命也是这样。对这些生命而言，这对它们的帮助很大，比其他的帮助更大、更实在。所以佛经里面讲，这两个布施非常重要。

这两个布施的根源或者是来源，就是爱和慈悲。如果没有慈悲，那么所做的一切都是表演，就是一个形式而已。所以，布施的来源是爱和慈悲，这两个最关键。有了爱和慈悲的布施以后，剩下的三个布施当中就是法的布施最重要，然后是无畏的布施，最后是钱财的布施。钱财对某些人来说也是非常重要的，比如有些人没饭吃，生活非常困难，这时候拿钱去帮助他也是非常好的。拿钱去帮助人，一两天、一两个月、一两年，可以帮助他解决问题。但是要经常去帮助他，经常去给他钱，不太现实。还不如给他一个方法，比如给他智慧，让他自己去寻找生存的方法；或者让他自己去了解这个世界、人生，了解我们的很多烦恼和痛苦来自于什么，以及我们怎么样断除这些烦恼和痛苦……把这些方法教给他，这样以后他就可以自己去做。佛教认为这个布施就可以解决长远的问题。

佛教非常赞叹这两种布施，所以我每年都放生。实际上从1994年的时候我就已经开始放生了，但是真正每年不间断地放生是从 1997 年开始。从 1997 年到今年，整整二十年的时间了。二十年的时间当中也不是每年都放生一百天，后面的一段时间是每年放生一百天。

从个人的角度来讲，我专门去过很多的屠宰场，还拍了很多照片和视频。我知道动物是怎样被宰杀的：在宰杀的过程当中，这个屠宰的车间里面会发生什么样的事情；它们进入屠宰场之前，在运输的过程当中会发生什么样的事情；还有就是运输到某一个地方的时候会发生什么样的事情。

比如说牛羊这些体积稍微大一点的生命，屠夫不可能每天宰杀很多牛和羊，因为肉卖不出去，他们就会遭受一些损失。这些牛羊，从草原上运到一个屠宰场，这个路程就需要一两天的时间。这一两天的时间当中，它们没有吃到任何东西，也没有喝到任何的东西。到了屠宰场以后，有七八天的时间都不会被宰。屠夫会一步一步地宰杀，他今天宰杀了几头牛，把这些肉卖掉了以后再来宰杀。这样总共加起来的话，有些牛羊七八天、八九天甚至十几天，都没有吃到一根草、喝到一滴水，非常痛苦。最后就是进入屠宰场，平时我们觉得动物没有人聪明，但其实在临终的时候，牛和羊也感觉得到即将发生什么样的事情，它们非常恐慌。把它们送到屠宰场的传送带上的时候，它们拼命地往回跑，这个过程和后面一系列的屠宰过程，都是非常残忍的。

小动物虽然没有那么严重，但是它们在被宰杀之前也受了很多委屈和痛苦。虽然一个流浪汉或者一个贫穷的人，在他的生活当中也受到了很多的委屈，但这两个是完全没办法相比的。我们很多人没有去过屠宰场，国外有一个人说过，如果屠宰场的墙壁是透明的玻璃，那就没有人敢吃肉了。我觉得他说的非常有道理。我们在超市里面看到的，都是包装得非常漂亮的肉，我们不知道它是怎么来的，这个过程我们都不了解。如果了解这些情况的话，会发现这个过程确实是非常痛苦的。平时我们很多人会说应该帮助人，帮助人当然非常重要，但是我觉得动物的一些遭遇也是不能忽视的。

H **可不可以理解为，您在屠宰场看到的这一幕幕是您发起百日放生活动的一个缘由？**

A 对，可以这么说。从此以后，我就开始放生了。

现在佛教徒放生的团队越来越多，不过有一个遗憾，很多人就是为了放生而放生，这样的放生行为在很多方面都没有体现佛教放生的意义。这样就导致了一些社会舆论，甚至还有一些媒体的负面报道，然后很多人会用异样的眼光来看待放生。我觉得放生本身是一个非常有意义的事情，我非常喜欢放生！你刚才提到了为什么坚持二十年放生？动力是什么呢？简单地说，我喜欢放生，就这么简单。

H **喜欢就是一个最大的初衷。**

A 对，当然。你问我为什么喜欢呢，那这个后面就肯定有很多的故事了。但是简单地说，我很喜欢放生。

H **好，咱们现场的朋友当中可能会有一些人参加过放生，参加过放生的举一下手我看看。哇！**

A 很多，哈哈。

H **基本上所有的人都参加过放生。今天咱们的放生堪布就在现场，大家有什么问题都可以积极地来向堪布提问。来看看谁有问题？**

1

Q 师父您好！有很多人认为，我们人作为高等动物，是花了几千万年走上食物链顶端的，所以把食物链下端的一些动物作为食物是理所当然的。他们会认为，佛教徒执着于放生、吃素，是不是有点傻？请问堪布怎么看待这个问题？

A 我个人认为，人类作为高等动物而去食用其他动物的想法或者说法确实是有点荒谬。什么是高等动物？并不是说因为他有本事、有实力去吃掉这些全部不如他的弱势群体，就是高等动物。而是不管他的智慧还是他的行为的文明程度，都达到了一定水平，才叫作高等动物。如果人类真的是高等动物的话，我觉得他的行为的文明程度应该是很高的，他应该懂得去保护这些弱势群体。因为我们大家都在这个地球上求生，在求生的过程当中，有些时候还会有一些竞争，人类不应该因为自己有本事，想吃掉这些东西就去吃。

如果这些人的想法和说法没有错的话，最后是一个什么样的结论呢？比如，我们人与人之间或者是人与其他物种之间，“谁能不能吃掉谁，谁可不可以吃掉谁”的唯一标准和理由，就是“谁有没有本事吃掉谁，谁有没有实力吃掉谁”的话，那如果把这种想法放在人类身上，岂不就是纳粹主义的想法吗？纳粹当时不就是分了上等人种、下等人种，然后上等人种要去清洗下等人种吗？这个思想放在人类身上，那就变成了纳粹的思想；而如果放在动物的身上，很多人觉得是理所当然。但是我不认为这个是理所当然，如果人是高等动物，那应该去保护它们，而不是去吃掉它们。如果谁有本事就吃掉谁是理所当然的事情，那么在人类当中也会分低等和高等，这是历史上已经发生过的事情了，最后人类自己也会产生一个很大的问题。这种想法，我个人认为确实比较荒谬，我不赞同这种说法。

2

Q 师父您好，虽然动物也是有情感的，也懂得趋利避害，但是有一些动物确实是有害的。比如蟑螂、蚊子、老鼠会传播病菌；蝗虫也会毁灭庄稼。所以佛教徒对这些动物的保护会让大众产生疑惑，大家会觉得，佛教徒是不是有点儿不分善恶？请问师父您怎么看待这个问题呢？

A 这是一个很具体的问题，很多人的生活当中会面临这个问题。你刚才说的这些动物，对人的生活确实有一些影响。但是我想，不管是蚊子也好，蟑螂也好，其他的动物也好，它

们不是故意的，它们也在求生。我们在一个空间、在一个地球上生存的时候，大家生存的方法是不一样的。它们不是故意来害我们，不是故意来给我们传播疾病，这是它们的一个生存方法。我们人的生存方法跟它们的生存方法，有些时候是有一点冲突。在产生这些冲突的时候，佛教认为在不杀害它们的情况下，回避它们给我们带来的一些不好的影响，这个办法人类是有的。其实是我们不太愿意去想办法，觉得直接把这些动物干掉更直接，不需要费太多的心思。

如果稍微注意一点的话，其实是有办法的。比如说蟑螂，我们平时要把厨房或者其他地方弄得干净一点。现在也有捉蟑螂的一些仪器，可以把蟑螂捉了以后放在一个不太影响其他人，而它也能生存的地方。其实只要稍微花一点时间，花一点心思，确实是有办法的。但是我们就不想费这个心思，觉得没有必要，这就是我们对生命的不尊重，也是一个不太好的习惯。

对于我们身边的这些弱势群体、这些生命，人类至少应该给它们一个最起码的权利——生存权。不像我们人类之间的战争、伤害，它们不是故意来害我们，只是求生而已。这种情况下，我们应该给它们一个最起码的权利，不要去侵犯它们的生存权。我们想办法把这些生命，比如说蟑螂，把它们赶走，不要把它们杀死，我觉得这是可以做到的。

Q 师父您好。虽然佛教提倡自利利他，但很多人认为，我们应该等自己有能力以后再来帮助其他众生。现在社会上有一种说法，就是人类有太多的弱势群体需要帮助，比如难民、乞丐、失学儿童等，这些弱势群体是最应该被帮助的。但是我们佛教徒，好像对放生的积极性要大于帮助这些人类弱势群体的积极性。请问堪布，对这个说法您怎么看？

A 我刚才讲了四种布施，四种布施里面的其中一种就是财布施。那么财布施给谁呢？就是你讲的孤儿、残疾人、流浪汉等，是要帮助他们的。从佛教的教义上讲，佛教是非常推荐这些帮助的。但是我觉得，佛教徒对人这方面的慈善活动确实是稍微少一点。像基督教，他们在这方面确实做得很好，各方面都做得很好，比如说建医院、学校等。佛教在这方面可能是做得少一点，我想我们佛教徒是必须要在这个方面完善一下，以后必须要投入到这方面来。

但是佛教徒也并不是完全不重视，比如说台湾地区的慈济就是专门帮助人，做得也非常好。我想我们佛教应该有更多像慈济这样的机构，这个非常重要。但是刚刚我也提到了佛法里面的几种布施，里面提到给大家生命——第二条生命，是所有布施中最重要的。佛经里面有这么讲，所以可能佛教徒就比较偏重于放生、救生命。当然，可以救人的生命是更好的，但是救一个人的生命没有那么容易，也不可能像放生这么简单，所以如果有可能的话，最好还是放生。

另外还有一个原因，佛教里面讲，我们要帮助一个人，帮助一个生命的话，应该帮助什么样的生命呢？比如说，有两个人，一个人面临生命的威胁，另外一个人遇到了一些生活方面的困难。如果我们的能力只能帮助其中一个人，那应该帮助谁呢？佛教认为应该帮助生命受到威胁的这个人。首先要把他救下来，这是最重要的。还有我们帮助人或者帮助其他生命的时候，他越是弱势群体，我们的帮助就越有意义。比如说两个人，那么两个人当中越痛苦的、越受折磨的人，我们帮助他就比帮助另外一个人更有意义。

动物面临的不是生活上的困难，而是生命受到了威胁，所以佛教徒就比较偏向帮助这些动物，帮助这些比人更弱势的群体。

当然，也不排除一些人觉得放生比较容易，谁都可以做。而帮助其他人，比如说帮助残疾人、儿童，还要做一系列的工作，要付出的人力、物力就可能会多一些。

我的想法就是：放生还是要放，但同时我们一定要在帮助残疾人、孤儿等方面完善一下，这样就是最圆满、最好的。

4

Q 堪布您好。佛教说放生是慈悲，那救助流浪猫狗这种行为应该也是慈悲，为什么佛教没有大力地提倡救助流浪猫狗呢？

A 佛教徒里面也有一些人建了流浪狗、流浪猫的收容所，但是确实不多，比我们放生的量可能会少一点。实际上我们去收容流浪狗、流浪猫，这也是放生，是应该做的事情。大部分佛教徒为什么不做呢？我也不是很清楚。但是我想有一句不太好听的话，因为放生放了就不需要负什么责任了，把它们送到一个相对安全的地方，这个已经到位了。但是收容流浪猫、流浪狗要付出的就比较多，就不太容易。不太想付出的一些佛教徒比较喜欢这个简单的方法，但实际上收容流浪动物是很重要的，是应该做的。还有一种可能，就是屠宰场的屠刀下面的生命面临更多的痛苦，所以大部分佛教徒选择去救它们。这两种都有可能。

Q 我听说佛教徒不提倡养宠物，有这种说法吗？给小动物一个家不好吗？慈悲心要有选择吗？

A 佛教徒养宠物、不养宠物，没有这种说法，不会有这种说法。

养宠物当然是可以啦，但是养宠物一定要养好，不要心情不好的时候就让它成为流浪动物。这个大街上为什么有这么多流浪动物呢？它的来源就是宠物。就是因为心情好的时候养一只宠物，然后自己不高兴的时候就把它扔掉，扔掉它就成了流浪狗、流浪猫。如果养宠物养好的话，那佛教是不会反对的，这个符合佛教的教义。我从来没有在佛教的经典里面看过佛教徒不能养宠物的记载。

H 所以不能说放生其他物命就是放生，放生猫狗就不是放生。

A 对。

H 可能我理解的不太一样，放生猫狗不是把它从一个屠刀下放到野外，而是把它从野外相对不安全的环境带到家里这样相对安全的环境，给它一个良好的生活环境。让它更好地生活，但是不能不负责任。不能心情不好了就把它又抛弃了，把它当成再次放生，这不是一个正确的方法。

A 对，流浪狗、流浪猫在大街上没吃没喝也是很痛苦的。

H 我们还是应该更加重视更危难的一些生命，比如屠刀下的一些生命。我们能挽救的话可能福报会更大一些。

A 对，福报更大，对它们的帮助也更大。

H 好的，由于时间关系，咱们今天的这期节目就告一段落了。感谢各位朋友的提问，也感谢堪布精彩的解答。我们更多的互动内容会在下期节目里为大家展现，谢谢大家。

重新审视生命的平等

——《慧灯·问道》“放生篇”第 2 期

H 观众朋友们好，欢迎再次到《慧灯·问道》节目当中来。上期节目当中，慈诚罗珠堪布为大家解答了关于放生的一系列问题。由于大家对放生的问题还保持着一个持续热烈的关注，那么这期节目，我们继续就这个放生的话题，请堪布来为大家答疑解惑。看看哪位观众？哇，已经有人一马当先地举起手来。来，这位观众。

1

Q 堪布您好。现在有一些人认为，放生是一种赶时髦，还有人因此就对放生不屑一顾。您对这种观点有什么看法？

A 放生是一个时髦，这个有点不对吧！我不认为放生就是一个时髦。放生在两千五百多年前的时候，佛就已经讲过了，而且在佛教里面它也是非常重要的一部分。放生对自己修慈悲心也好，挽救别人或者其他生命的痛苦也好，给其他生命带来实实在在的快乐和幸福也好，不管从哪一个角度来讲，它都不是一个时髦，我觉得它是很有意义的。如果懂得了这一点，就应该去参加，应该去做。

H 还是看自己的目的，如果是为了赶时髦这么做的话，可能在放生的过程中会有一些不科学的做法。

A 是，也可以这么说。现在佛教的一些东西，确实是走向了形式化，也可以说是时髦，说得更难听一点的话就是商业化，这种情况也是很多的。关于这些，到底是时髦还是其他什么？要看自己怎么做、怎么看，自己的目的是什么，跟这些都有关系。但放生本身不是时髦。

2

Q 堪布您好。我有一个困扰，就是我挺喜欢放生的，但是身边的朋友和亲人他们并不理解和支持。有时候我也想带着他们一起去放生，但是他们好像不太感兴趣，所以请堪布开示一下，我怎么去跟他们解释？还有放生的功德到底是什么呢？

A 我想这个不仅仅是放生，比如说我们学佛、修行、吃素等，家人、朋友或者是社会上其他人对此都有些不理解。因为每个人的价值观不一样，我觉得这应该也属于正常的范围。我们要把所有人的价值观都统一起来，确实不是那么容易的事情。一个家庭里，不同成员的价值观要统一也会有一定的难度。所以如果他们实在不能接受的话，希望他们尊重就好了。同时，你也要尊重他们的一些行为，比如说他们不吃素、不放生、不学佛的话，你也要尊重他们的想法、他们的选择。然后你可以希望或者是要求他们，不要过度地干预你吃素、放生等的行为。因为这些都是每一个人自己的选择，是个人的事情，所以朋友之间也好，家庭成员之间也好，大家相互尊重、不干预，这样就可以了。

放生有什么样的功德？这确实是一个非常重要的事情，我们为什么要放生？放生的目的到底是什么？这个是我们必须要了解的事情。从佛教的因果角度来讲，放生有它的直接效果。所谓的善恶因果就是善有善报，恶有恶报。我们做任何一个事情，当好的、不好的事情结束后，从表面上看这个事情基本上就过去了，我们看不到它留下什么东西。除非是像犯法的行为，如果被发现了就会有法律的惩罚，除此之外，一般的事情过了就过了，我们看不到太多它留下来的一些影响。但是从因果的角度来讲，比如说，我们去放生了或者是杀生了，表面上我们看到的就是：放生——这个生命获得了自由，杀生——这个生命结束了，就这么简单，看不到其他的。但是这个行为就会在我们的意识里面播下一个能量、一个种子。总有一天，当机缘成熟的时候，这个能量或者这个种子就会发挥它的作用，这个时候果报就会现前。这两者之间的关系是：你做了什么事情，就会得什么果报。

这个世界上，我们很多人是不相信因果、不接受佛教因果观念的，因为我们看不到因果。但是从大的方面来讲，佛教的因果道理，其实我们已经是承认了的。比如俗话说，种瓜得瓜，种豆得豆；种瓜不会得豆，种豆也不会得瓜。做了什么事情，就会得什么果报，这是一个自然规律，不是人为的。在大的范围当中我们承认了因果以后，在某一件事情上面，因果也是成立的。比如形式逻辑讲大前提、小前提，最后就是结论。假如大前提是：万事万物的因果规律是相同的，有什么样的因就会有什么样的果，在大自然当中，所有的这些自然规律都是这样，这是我们的总结。那么古人的总结就是：种瓜得瓜，种豆得豆。这就说明，万事万物都是这样，做什么样的事就得什么样的果，这个是大前提。在这个大前提下面，我们已经接受了这个观念。接下来就是小前提，把这个道理放在一个小的范围内，也就是某一件事情的时候，除非我们有了一个其他的说法或者其他有强大说服力的证据，否则的话，如果万事万物都是这样，那么就没有理由去说善恶因果不是这样。

如果认为，虽然万事万物是在遵循这样的规律运行，但善恶因果不是，它是一个特殊的例外，那我们要说出理由，它为什么是这样，你怎么知道它不是这样，它为什么没有按照万事万物的规律运转，除非有一个很有说服力的证据，否则的话，我们就只能接受这个观念了，这个就叫作善恶因果。

那么放生的果报是什么呢？放生了以后，第一会长寿，第二会健康，这是它的直接果报，也是放生主要的功德。比如说，我们去帮助一个人，为他付出了以后，有可能我们有一天会收到一些回报；或者是我们去帮助人的时候，媒体报道了一下，有可能会出名，等等。但是对动物的关心和为它们的付出，是没有人重视的，所以我们不可能去求什么回报。因此，我们这样做的发心和目的应该是比较纯正的。以这样的心态去做，就会得到健康长寿的果报。不管是求或者不求都没关系，这是自然的规律。求也不一定有，不求也不一定没有，就像其他的自然规律一样。

它的另外一个果报，就是我们在对动物的付出当中，可以锻炼自己的慈悲心。比如我们去放生的时候，要出人力、物力，然后还要考虑它们以后的安全。这样就要找到一个比较安全的地方，这种地方在城市当中或者郊区是不太可能会有的，所以要找一个远一点的地方，这些都需要时间和精力。这些都付出了，求什么呢？实际上这个动物，至少这一生不一定能给我们带来什么好处，这个果报今生不一定有。所以放生就是无条件的奉献，这种奉献可以培养我们的慈悲心，这是一个。另外一个，在放生的过程当中，我们可以学习关心弱势群体。在跟我们没有血缘关系、至少在这一生当中也不太可能收到什么回报的情况下，我愿意付出，这应该算是无条件的奉献。在这个过程当中，我们可以学习关心比我们弱势的群体。所以放生有很多这方面的功德。

大乘佛教讲了很多放生的功德，救了别人或者其他的生命，可以健康、长寿。我们现在去放一条鱼、一只鸟，这其实是大家都能够做到的事情，但是我们很多人都会忽略它的作用。就像气象学里面的一个名词，叫作蝴蝶效应。比如说，我们现在花几块钱把鱼放了，对我们现在的生活来说，这是一个很小的事情，一个很小的付出。但是未来的果报就不是这样了，会有很大的果报。任何善恶都是这样。所以如果想让朋友或者家人支持你的放生行为，就可以把这方面的一些情况讲给他们听，看他们能不能接受；如果不接受的话，那么希望他们不要干涉就可以了。

H 放生其实就像一颗种子一样，种瓜得瓜，种豆得豆。种下放生的善因，无论早晚，一定会得到一个善果。

A 对。

3

Q 您好堪布，我有一个疑问：咱们现在的生活水平有了极大提高，但是我发现，杀害动物和吃动物反而非常频繁，而且数量非常大，尽管我们现在极力地在放生，但比起被杀害的动物数量还是杯水车薪。我想问一下，在这个前提下，一方面是被杀害的动物非常多，另外一方面我们放生的数量又非常有限，那么放生的意义体现在哪里呢？

A 是的，我们全世界佛教徒一年放生的数量，可能达不到一个城市一年被吃、被杀生命的数量，这个差距确实相当大。但是我们也并不认为，放生就能解决人类杀戮的问题，这个是不太可能的；也不可能把所有要被宰杀的生命都救出来，我们也不太会有这样的想法。放生的数量虽然不多，但是我们能够救一条就救一条，能救两条就救两条，根据自己的能力去做。佛教讲普度众生，那么多的佛和菩萨都在考虑怎么样去普度众生，怎么样去帮助众生。因为众生的数量无穷无尽，所以能不能有一天把所有的众生都给度完？没有这么一天。那难道因为不可能度完，他们就不度了吗？也不是，他们还是要度，能度一个算一个，能度两个就算两个。我们放生也是这样。虽然杀生的数量特别多，和我们放生的数量比起来，杀生的数量完全是一个天文数字，但是如果能够放一条生命，那这一个生命的问题就解决了，我觉得应该从这个角度去考虑问题。

H **我们没有办法左右别人，但是至少能控制自己，我们的行为如果可以挽救一条生命，那就是最好的。**

A 对，对。

4

Q **堪布您好。因为从小没有接触过佛法，也不懂得因果，而且我出生在海边，从小到大吃了很多的海鲜，还有很多其他动物的肉，每次想到这些我就会很沉重，觉得自己很坏，现在就想通过放生去忏悔。我之前吃过螃蟹，现在去放螃蟹是否可以清净以前杀螃蟹的罪业？假如说可以的话，那我现在是不是反思一下以前杀过哪些物种，然后就去放哪些物种来清净这个罪业？还有比如我杀了一只螃蟹，那得放生多少只螃蟹才能清净这个业障啊？**

A 过去杀生，现在感到后悔了，然后去忏悔，用放生来弥补，这个完全是可以的。但是因为过去杀螃蟹，所以现在要去放螃蟹，这个我觉得不一定。反正什么样的生命都是可以的。忏悔有两种方法：一个是放生；另外一个，除了放生以外，做任何善事都是可以的。比如在发心很好的基础上去当义工，去参加一些慈善活动、社会公益活动；还有更直接的，比如念金刚萨埵的咒语，还有佛经里面的《三十五佛忏悔文》，这个《三十五佛忏悔文》是专门用来忏悔的，这些方法都是可以的。

Q 您的意思是，如果我是真心忏悔，做任何善事都有这样的作用。

A 对。

H 就是说也没有一个具体的数量，比如说，我之前杀了一只螃蟹，现在需要放生多少只。

A 没有，没有看到，越多越好吧，应该是这样。

5

Q 堪布好，现在社会上流行一种说法，吃素就是放生。请问堪布，吃素可以代替放生吗？

A 吃素可以间接地保护很多生命，也可以挽救很多生命；放生可以直接挽救很多生命，这两个都有放生的意义。没有买卖就没有杀害，这些杀戮就是因为有买卖。为什么有买卖？就是因为有人吃，如果没有人吃的话，那就从源头上解决这个问题了，所以吃素确实有放生的意义。我们大家都吃素了，那就是真正意义上的放生。

但是如果有"因为我是吃素的，所以我不放生"这种观念，这样也是不对的。如果吃素了、再放生，那就更完美、更有意义了。从自己的健康、环保等各个方面来讲，吃素都有非常好的、很大的利益，对自己和他人都有帮助。如果在这个基础上再去放生，那就间接的、直接的意义都有了。

H **吃素肯定也是一种功德，也是一种放生。但是如果因为吃素了就不去放生，可能功德就没有那么大。如果直接和间接都做到的话，会更完美一点。**

A 更完美一点。吃素不能代替放生，放生也不能代替吃素。如果认为我经常放生，所以我不需要吃素，这样也不对。

6

Q **问您一个我个人觉得比较尖锐的问题。有些佛教徒，打着放生的旗号，看上去很慈悲，但是其实他们是为了事业更好，可以升官发财，或者就是为了身体健康。他们这样的动机是否正确？这样会不会显得佛教徒很自私呢？**

A 佛教分人天佛教、小乘佛教、大乘佛教三个不同层次。从大乘佛教的角度来讲，放生本来不是为了这个做的，而是为了挽救生命，为了减少其他物种的恐慌，这个也叫作无畏布施。但是有些佛教徒，比如说他生病的时候，或者是遇到一些特殊情况的时候，为了自己的健康去做一些善事，这个当然是一个自利的行为了。为了自己的发财、升官做一些善事，有些时候它也会发挥作用。这叫作什么呢？在佛教里面就叫作“人天佛教”。你刚才说的这种行为放在大乘佛教里面是不对的，放在小乘佛教里面也是不对的，放在人天佛教里面就是对的。

人天佛教本来就没有求成佛、普度众生，它也不是想从轮回当中解脱，这些想法都没有。人天佛教的目标是什么呢？就是生生世世只追求一个健康幸福的生活，没有其他的了。但是它追求幸福生活的方法，跟那些不学佛、不信佛的人，稍微有一点点不一样。不学佛的人，他就拼命地去赚钱，没有别的方法了。人天佛教在这方面就多了一些方法，比如说去做好事、行善。但是做好事和行善的最终目标是为了自己，实际上就是一个功利心。

佛教里面允许有这样的学佛方法。我想今天的这个社会，很多学佛的人比较适合人天佛教。不然的话，我们所有学佛的人，一开始就讲发菩提心、为别人着想、放下自己呀，这听起来很好听，但是实际上要真正地落实到自己的生活当中没有那么容易。就像上楼梯似的，先走第一步，然后再走第二步；先学人天佛教，然后学小乘佛教，再学大乘佛教。这样的话，也许对某些人来说会比较踏实一点。所以这样去放生，也不可以完全否定，它也有它的价值。

H 放生这个行为是对的，但是可能佛教分为不同的级别，不同的层次，如果放在大乘佛教里面，可能这些人天佛教的行为会显得有一些狭窄。

A 对，狭窄。

H 但是不能说这个是不对的。我们要像走阶梯一样，先从基层做起，然后再慢慢把自己的觉悟和层次提升。

A 对，是这样。

H 好，由于时间关系，今天的互动就到这里了，相信听完慈诚罗珠堪布的开示和讲解之后，很多人解开了关于放生的一些疑惑。在《慧灯之光》系列丛书里，有一篇名为“戒杀放生的功德”的文章，堪布在文章中发起过这样一个提问：“既然动物也跟人类一样具有知性和感受，不愿意承受痛苦的折磨，那么人类究竟该如何对待动物呢？”这个问题其实是在考问我们人类：我们有没有权力牺牲其他动物的生命来满足自己感官上的一些享受？带着这样的思考，希望大家能够参与到戒杀放生的善行当中，能够重新审视生命平等的意义。同时我们也期待着能够尽快再一次和慈诚罗珠堪布坐在一起，共同探讨关于放生、关于佛法的问题。也希望慈诚罗珠堪布能够再次来到《慧灯 · 问道》的节目当中！

感谢各位的支持，感谢堪布的讲解。

清清净净的慈悲心

——《慧灯·问道》“放生篇”第 3 期

H　各位观众朋友，大家好！欢迎收看这一期的《慧灯·问道》节目。在上一期节目里，慈诚罗珠堪布为我们解答和开示了关于放生的话题，这一期节目，我们继续放生的话题，有请慈诚罗珠堪布为我们继续进行解答和开示。

1

Q　堪布您好，我曾经听您说过一句话，您说：“没有什么事情比给予别人生命更慈悲的了。”从那一天开始，我跟您一样由衷地喜欢放生。我想问一个问题：假如我在一个森林里，看到了一个被夹住或困住的小动物，我把它解救下来，放回了它的生活环境里，可是它周围又有很混乱的人居环境，我的这个行为可能会让它再一次送死，这样做有好处吗？

A 这个也是一个很大的问题。从放生人的角度来讲，他是想救一条命，他花了钱，投入了人力物力，买了物命，然后放掉，从他的角度来讲确实是一件好事。但是被放生的这个生命，从它的角度来讲，虽然在某一个地方被救下来了，但是很快它就会在另外一个地方又同样面临被捕杀的命运。这种放生，我个人认为意义不是很大，至少没有达到真正放生的目标。但我们不可能把某一个动物送到一个绝对安全的地方，这个是不可能的。

因为食物链我们是没有办法改变的，动物本来就是这样。所以尽可能地选一些比较安全的地方放生，就会避免我们刚才谈到的这个问题。比如说，在水产市场买了动物，然后就在城市中间的一些小湖、公园之类的放了，放了以后立即就被捕捞了。这样的话，放生的意义不是很大。不但是意义不大，而且为另外一批人杀生创造了条件；还有就是给媒体创造了负面报道的机会等。所以我想，我们以后一定要避免这样的放生，一定要找到安全的地方。虽然找不到一个绝对安全的地方，但是相对安全的地方应该是可以找到的。这个非常重要，否则的话，放生的意义就不是很大。

Q 那我再问一个尖锐一点的问题，假如我把它带到了原始森林，或是人很少的一个环境里，有可能它会被大型的动物——狼啊、狮子啊什么的吃掉，那这个跟被人吃掉有什么区别吗？

A 比如说，我们把小鱼和鲶鱼一起放，或者是小鱼和巴西龟这样的物种一起放，那这样的话这些小鱼有可能几分钟之内，或者是几个小时之内就被吃掉了。它被吃掉是我们放生的人考虑不周导致的，这个在我们能力范围之内是可以避免的。如果你把另外一个动物放在原始森林里面，相对来说这是一个安全的地方了，但是它有可能被其他更大的动物吃掉，这就不在我们的能力范围内了。我们放了一条生命，不可能永远都跟踪保护它。动物的食物链有时候确实让人头痛，任何人都没办法改变。如果要找到一个绝对安全的地方，永远都不可能出现这样的情况，或者说这个地方可能很难找到。所以我个人认为，我们找一个相对安全的地方放就可以了。如果被吃的和吃这个动物的生命没有一起放的话，至少在短期之内这些动物就不会被杀、被吃。就像医生给我们治病，他尽力治好了我们的病，但他也只能做到这一次把病给治好，没有办法保证我们永远都不再生病。因为我们的能力有限，所以再努力也就只能做到这一点。

正像刚才讲的，把它们放到很容易捕捞的地方，很容易被吃掉的地方，是因为我们为了个人的方便，不想去思考这么多，不想去走那么远，就随便放了。这种情况下，被放生物命的再次被捕杀是我们放生人的行为导致的，这种放生是没有意义的。放到相对安全的地方，即便有一天它被吃了，我觉得也没有办法，这种放生就不能说是没有意义的，我们还是可以放。

Q 还有一个问题，都说动物是有情众生，它们在畜生道里轮回是很苦的，我也参与过放生，看到它们被放的时候很欢快，包括牦牛，它们都会点头。那它们是不是真的也很想从畜生道解脱，

去往下一个生命旅程或是极乐？我就想知道它们是不是真的感受得到这种欢快？

A 作为一个人，再贫穷、再辛苦，再怎么样，他还是会希望活下去。不管他是有地位的、没有地位的，不管他在社会上扮演了一个什么样的角色，反正是一个人的话，他认为最重要的头等大事就是他的生存。其他任何一个生命也都是一样，没有一个生命会因为贫穷、没有地位，就无所谓这个生命，就不要这个生命，这种情况还是很少的。任何一个人在面临死亡的时候，他一定会想一切办法逃避，这是所有生命的一个共同点。所以说牛也好、羊也好，或者是鱼类也好，它们都是非常害怕死亡的，它们都不想死。没有一个是觉得自己死了以后，就会有一个更好的机会。也许某些人被洗脑了以后有这样的想法，但是害怕死亡是生命的本能，逃避死亡也是生命的本能，所以没有这样的。

Q **所以我们感受到的它们的欢快是真的。**

A 对。把它们放了以后，它们会重新获得自由，不管是什么生命，它们一定会很欢喜，一定会很幸福的。

H **就是从一个痛苦的环境到了一个它适宜的生活环境，它的求生欲望得到了满足，所以是欢快的。**

A 对。

2

Q 堪布您好，您有提到可以为放生的动物念佛号，我想就这个问题再深入地问一下。有不少人认为，佛教徒在放生的时候经常念很长的经文和佛号，这样耗费了大量的时间，不但它们根本听不懂，而且很多动物在狭小的空间里非常难受，有可能还没有被放生就已经在挤压中死去了，或者是互相咬伤了。所以有不少人认为，为了节约时间应该让这些动物尽快地回归自然，可以不念佛号和经文。请问堪布，这样可以吗？

A 我想可能在念经的过程当中，有些佛教团体在这个里面加入了一些比较烦琐的仪轨啊、烧香啊，还有很多对动物没有直接帮助的事情，这个我觉得就没有太大的必要了。另外，比如说鱼类，在烈日下我们念的时间太长的话，暴晒以后有很多鱼可能会死掉，或者鱼类在氧气不充足的情况下也会死掉，这些问题都是可以解决的。还有你刚才说的，比如挤压等，这些也是可以解决的。但是佛号是一定要念的，从佛教角度讲，在整个放生过程当中，念佛号是一个非常重要的环节，也是一个特别有意义的环节，这个不能少。

如果时间太长，或者是我们没有及时去处理一些事情，导致了有生命在念经的过程中死亡，那是不对的。但这些都是可以解决的。在念佛号的过程当中，不要让它们缺氧，不要挤压，这些都可以做得到。当然念佛号的过程也不要太烦琐了，我们一般是念 40 分钟，在这 40 分钟里尽可能地不要让它们受到这些威胁，这个是完全可以做到的。虽然我们不念佛号放下去也是可以的，但这样不是很完美，所以佛号一定要念。

H **您的意思是，念佛号是一个必需的过程，但是在念佛号的这 40 分钟里，我们要竭尽所能地来保证这些物命的安全。**

A 对。

3

Q **堪布您好。在放生的时候，有些师兄用过门咒、一子续，还有经书、佛像这些加持一下物命，请问这些经书和佛像所起的作用是什么？一定要用吗？**

A 对，在佛教里面有一个叫作“过解脱”。过解脱的意思就是，把咒语贴在门框上面，然后从下面来来往往经过的所有人，不管是有信仰的、没有信仰的，发现了这个咒语的、没有发现的，凡是从下面经过的人，他心里就会播下一个种子，这类种子会逐渐成熟。比如说一个没有信仰的人，你过去了，虽然不会发生什么，但是无意当中给了你一个能量。就像人体检查一样，有些 X 光我们的身体是感觉不到的，但是实际上这个对我们的身体是有影响的，只是当时我们没有任何的感觉而已。

同样的，在这个下面过去了以后，或者是皮肤接触了以后，就播下了一个力量，这个力量到时候就会慢慢地成熟。成熟了以后，可以开发你的大脑，会让你证悟，让你产生慈悲心。这个是物质的作用，物质的力量是不能忽略的。比如说有些物质，吃了以后就会产生各种各样的幻觉，这是一样的。这些物质有很多。物质的能量有正有负，吃了或接触了有正面能量的物质，就播下了一个正面的种子，会帮我们快速地解脱。所以在放生的时候，这个环节确实是一个非常重要的环节。

我刚才讲的是给放生的物种念经，这是一个不可缺少的环节；另外一个，如果有甘露丸的话，就喂给它们，这也是非常重要的一个环节；还有一个，如果是大型的动物，可以把这些佛经放在它们的头上。鱼类的话，我们按前面提到的方法过一下，对它们都会有帮助的。这个帮助、这个力量不太容易解释，但是无形当中它就发挥了作用，这也是很重要的一个环节。

4

Q 师父您好。我们放生的时候，有些师兄在放之前会把甘露丸泡水洒，这个有什么作用？放生之前是不是必须要用甘露丸？这些甘露丸一共有多少类型？有什么功效？我们放生的时候，是只能选择某一种特定类型的甘露丸呢，还是说只要我们自己认为来源清净的甘露丸都可以用？

A 甘露丸是在密法里面讲的。大乘佛教的显宗也有类似的甘露丸，比如说念大悲咒，通过大悲咒加持水，然后把这个水洒在动物身上或者给动物喝，对它有帮助，这个跟甘露丸基本上就是相同的内容。我们现在用的甘露丸基本上都是密法里面的，通过很多的密法仪轨来加持，加持了以后，它就会产生一种能量，动物们吃了以后，至少在内心当中就播下了一个能量，这是物质的力量。

物质是一个载体，起作用的主要是密法的咒语。比如说我们用大悲咒来加持一杯水，那么水不是最重要的，水是这个能量的载体，主要就是让水里面产生能量，这就是大悲咒的力量。甘露丸也是同样道理。甘露丸主要不是洒在身上，最好是给它们吃。鱼类的话就比较方便，我们可以把甘露丸倒在水里面，自然就会进入到它们的体内；其他的动物也要喂给它们，这样会有帮助的。

没有甘露丸是不是不可以放生呢？当然也不是，没有甘露丸也可以放生。但是如果有甘露丸的话，对这些生命的利益就更大一些，更有帮助。

Q 是不是放生的时候，只能用一种指定类型的甘露丸？还是所有我们认为来源清净的甘露丸都可以？

A 都可以的，现在我们用的、常见的这些甘露丸都可以，在放生的时候都可以用，人也可以吃，喂动物也有同样的作用。

H 那堪布能不能给我们普及一下，甘露丸有哪些种类？它们是在

什么情景下使用呢？

A 甘露丸里面有很多的药材，上千种药材制作一个甘露，就像制药一样。制作了以后，通过密宗专门的仪轨加持，很多人去念经、打坐，通过心灵的能量、禅定的力量，让它产生一个特殊的效果。这样的甘露丸是可以治病的，它就等于我们一般的药一样，但是效果可能会好一些。正常情况下就是这样。

大部分的甘露丸都一样。比如说人吃了以后，它给你种下一个能量。汉传佛教里面也有，比如念大悲咒加持一杯水，这个水人喝了，或者洒在动物的身上都会有帮助的，这是因为大悲咒的力量。通过这样的方法，它就播下了一个种子，这个种子实际上就是一种能量。这个能量，以后会让你快速地产生智慧，也会快速地开发你的大脑，然后就可以看到人生、宇宙的真相，也可以让你减少一些烦恼，就起到这样的作用。吃了甘露丸，然后再打坐、学习、修行，可能它的力量就会更强大一些。

5

Q 堪布您好，在念诵放生仪轨的时候，我们发现笼子里的鸟被踩压，就觉得它的生命遇到了威胁，这个时候是应该把它放出来，还是等待放生仪轨念完？如果放出来的话，其他的鸟可能也会跟着飞走，它们就会错失听闻佛法的机会，请问这种情况应该怎么抉择？

H **其实我理解她的意思了，就是您说这 40 分钟的仪轨是一定要完成的，但是在这 40 分钟之内，如果发现生命受到威胁了，这个时候应该怎么做？**

A 对，其实这个经常都会发生的，但这个是完全可以解决的。如果是鱼类就不存在踩压的情况，但是会有烈日暴晒、缺氧的问题。牛羊，还有其他体积比较大的动物，就存在踩压的问题。无论放鸟也好，放其他的生命也好，第一个，我们要把放生的仪轨念完，不要因为踩压就全放了；第二，我们念诵仪轨，不管念 40 分钟或者半个小时，在这个过程当中要防止踩压，因为踩压导致了死亡也不对，这些都是放生的人可以处理的问题。因为念经很重要，所以就不管它，让它死亡，这样不对；因为踩压，所以不念经就放掉它，这样也不对。我觉得这两个其实不是很大的事情，都是可以解决的。

6

Q **堪布您好。有时候我们买一些鱼和鸟去放生，在我们放生之前，其中一部分鱼和鸟因为各种原因就死掉了。请问这些死掉的鱼和鸟，我们怎么处理才如法？**

A 鸟也好，鱼也好，什么物种都好，死了以后还是要给它们念佛号，这个对它们是有一定帮助的。然后这些尸体怎么处理呢？要考虑不能污染环境。在不污染环境的情况下，能够怎么处理就怎么处理。

H **所以我们还是要科学地放生，避免这种物命的死亡；然后科学地护生，保证这些物命可以正常地生存。当它们无可避免地死亡的时候，我们要采取一个正确的方式，并且要念诵佛号，这对它们的来生也能够有一个好的帮助。**

A 对。

Q 师父您好。我们放生购买物命的时候，有的人不愿意购买吃小鱼的鱼类，他们认为，如果放生这类生命，就会产生更多伤害小鱼的行为。但是众生的生命不是平等的吗？吃肉的鱼类也应该有获得解脱的同等机会。但是如果让这一类鱼多活一天呢，确实它又增加了一些因为吃小鱼而造业的机会，同时也有更多的小鱼因为它的存在而失去生命。所以想请师父开示一下，我们放生鱼类的时候，是不是只应该选择吃素的鱼类？原因是什么？

A 是不是应该只放吃素的鱼，我想这个问题确实是有点不好回答，我们也经常面临这个问题。但是我想，动物里面吃素的本身就不是很多，我们刚才提到食物链，确实我们也没有办法去改变它。人可以通过教育改变他的生活方式，但是动物不可以，它天生就是这样。如果说这一类的动物都不救，也确实是有点不对。要救的话，像刚才你提到的一样，我救了它，它也会杀生。但是如果这个放在人类的身上，比如说一个厨师，尤其是像海鲜餐馆的厨师，每天他会杀很多的生

命，如果有一天这个厨师掉到河里面，我们该不该去救呢？我们会救的。我们不会说，因为你杀生我不救你，没有这样的道理。所以我想那些吃小鱼的鱼类也应该去救，但是绝对不可以把它跟被它吃的那种生命放在一起，比如说把鲶鱼放在有很多小鱼的地方，不可以这样，你要尽可能地去找到它吃的物种比较少的地方去放。

那你也会问，它没有吃的怎么办？是，这就是一个非常头痛的问题。这个问题我也想过了，但是目前就只能这样了，还是要放，因为它也是一条生命。动物杀生跟人类杀生，很多时候是不一样的。人去杀一条生命，很多时候他都带有仇恨、抱怨。那么动物，我们看得到的，比如说在非洲大草原的狮子、角马，它们平时都在一起，如果狮子肚子不饿的话，根本就不会去伤害它们，就是各过各的日子，相互之间都没有任何的冲突。但是狮子肚子饿的时候就没办法，角马这些动物，看狮子的肚子就看得出来的——如果狮子的肚子比较鼓，它们也不会害怕，它们可以跟狮子相处在一起；看到这个狮子饿的时候，它们就离得远一点。动物都是这样，所以我们确实没有办法了。

所以我想，这个还是要救，救了以后要想好放到什么地方。把这个放了以后，又把另外一个给害了，就不对了。我想这个问题在整个放生活动里面，确实是一个比较头痛的事情。

7

Q 堪布您好。现在很多旅游景点、著名的寺庙门口，都有很多贩卖放生物命的商贩。其实他贩卖的东西，是不适合在这个地方放生的。比如说巴西龟吃小鱼；还有一些季候鸟是他们抓来的，如果季候鸟没有跟鸟群去南方的话，放出去它就会死掉；还有一些养殖的生物，像我在五台山看到过一只小狐狸，非常小，那个时候已经接近冬天了。我觉得把它放出去，它也很难生存下来。这个时候，其实我也已经知道可以不买，这样没有过失，也是在尽力护生。那这个时候旁边一些有善心的人想去买（他们是有善心的，但是他们只停留在放生的字面上，并没有思考过放生的内在意义），我去阻止他们算是护生吗？我有过失吗？

A 很多的旅游景点，包括佛教的四大名山，都会发生这样的情况。这些物命我们买了放完以后，它还是会被抓回来的，所以这个放生意义不大。不仅是意义不大，还给他们继续这样赚钱提供一个机会，更加不好。所以把这个买了以后，在当地是不能放了，得拿到远一点的地方，至少这些人不可能再去抓的地方，到这样的地方去放是可以的。除非找到这样的地方，否则这种放生的意义不是很大。这种情况下，我们还是不要去放，可以拿这个钱去另外的地方，去做一些真正意义上的放生；或者是把这个钱拿去做其他的护生，都是可以的。还有一个是你刚才说的阻止……

Q 对，因为我发现很多人其实他们是有善心的，但是对放生的认识只停留在表面上，没有思考过，这可能会让周边其他有善心的人起偏见。这个时候我去阻止他，这个算是护生吗？

A 这个不会有什么过失，也不会有什么罪过。你要告诉他，这种放生的真相。他们想买，但是可能还不太了解放生背后的情况。这个时候你可以把放生背后的利益告诉他们，阻止他们去买这些生命，然后劝导他们去买一些有真正放生意义的生命来放。这样是没有罪过的，也是挺好的。

8

Q 您好堪布。我有一个问题，有朋友的亲人生病，然后请空行母打卦，说要放一千个生命，这个时候选什么物种比较好？

A 空行母有没有说要放什么样的生命呢？

Q 她没说。

A 没说的话，那应该是自己放什么样的生命都可以的。

Q 那如果说选择放泥鳅，然后算出一斤泥鳅多少条，总共需要多少钱，再把钱打到放生账户上，这样做如法吗？可以吗？

A 这样做如法，可以的。

Q **谢谢堪布。**

H 发心是好的，形式都不重要。

A 对。

9

Q **堪布，还有一个问题。大家对于放生都提了很多的疑问，我想，堪布已经坚持二十年一直在放生，一定有非常多的经验，您有没有想过要出一本可以实际指导放生的手册？这样能够让大家更如法地放生。**

A 这是一个很好的建议。因为不是每一个放生的环节都是我去完成的，我们有分工，有很多人去做不同的事情：有些人去买生，有些人去放生，有些人去护生等。我在想，如果把这些人的经验汇集起来，比如说买生的人，把他买生的情况告诉大家，应该怎么样去买生，怎么样避免一些鱼贩的欺骗等；护生的人，也告诉大家他的经验，怎么样去护生，应该怎么样去做等。把很多人的经验汇集在一起以后，就可以成为一个放生的小手册，然后放在网上，大家就可以学会科学放生，这样我们佛教徒放生的质量就可以提升。我有这个想法，做一个这样的手册。

Q **谢谢，非常期待这个小手册能够早一点出现在我们面前。**

A 好，谢谢。

H 好的，由于时间关系，我们这一期的《慧灯·问道》节目马上就要结束了，感谢慈诚罗珠堪布为我们做的讲解和开示。相信大家对于放生的环节、放生的技巧，以及如何科学放生又有了深入了解。感谢各位的支持，感谢堪布的讲解。

“过了头”还是好事吗？

——《慧灯·问道》“放生篇”第 4 期

H 各位好，欢迎收看《慧灯·问道》节目。这期节目里，我们依然请到了慈诚罗珠堪布，就放生的话题继续给大家开示和解答。

1

Q 师父您好！我们一直在提倡让杀生者转行，但这样是不是相当于害了他们的生计呢？因为屠宰养殖这个行业也是国民经济的一个组成部分，如果说我们大家都提倡戒杀、放生了，那是不是也会有一些负面的影响呢？

A 我们可以这样考虑：杀生跟放生，从比例上比较的话，差距是非常大的。我们提倡戒杀放生，对杀生的行业来说，其实影响是微不足道的，或者说根本就影响不了它。这只不过是为了我们自己修炼慈悲心，或者是挽救一小部分生命而已。

即使真的有影响，比如说我们放生跟杀生的比例差不多，或者有一天我们放生的量超过了杀生的量，就会给杀生者的收入带来一定的影响。那这时候我们应不应该倡导戒杀放生呢？我想我们第一个要考虑的是：是不是什么钱都可以赚，赚钱需不需要选择手段？如果说只要赚到钱，手段无所谓的话，那就是另外一回事。但是我想，就人类的生存问题来说，人类首先要尽量地、尽可能地不给其他的物种带来太大的生存威胁，这确实是不合理的。

如果说因为某一个杀生的行业是一个重要的经济支柱，所以就不能阻止杀生，这样的情况在历史上也是有的。比如一百多年前，在西方有长达四百年的黑奴交易。黑奴交易在当时是很多西方资本家的重要经济支柱，是很多人的赚钱手段。那个时候，如果我们阻止黑奴交易，同样也会影响到有些人的利益。因为黑奴交易是他们一个重要的经济来源，没有了这个经济来源，他们的经济一定会受到影响。那这个时候我们是选择废除黑奴交易，还是继续赚钱？这时候没有一举两得，只能选择一个。后来虽然很多人受了损失，但黑奴交易还是结束了。回到现在，我想，其实我们在动物身上做的很多事情，如果放在人类的身上，就变成历史罪过了。

但是，因为它们不是人类，所以我们很多时候都不去关心。如果我们认为这种心态是理所当然的话，那么最后，这些就会在人类自身中产生。像纳粹主义的思想，西方的黑奴交易，都是在这样的背景下产生的。所以我觉得，不管是人类还是其他的物种，凡是生命，凡是有情众生，我们至少要尊重它们的生存权。我们把其他生命——人也好，动物也好，把他们的生命转变成金钱，把自己的幸福建立在他们的痛苦上面，我觉得这种做法都是不合理的。也许这样会影响经济收入，但是我想，通过这种方法去赚钱本身就不太合理。现今社会，我们求生的方法非常多，我们应该尽可能地选择一些对其他物种、其他生命没有太大威胁的生存方法。把杀生这个行业当作唯一的活法，在人类历史上，应该是两百万年、三百万年之前的事情。今天的话，我觉得没有必要这样，人类应该尽量地回避杀生才比较文明。

H 杀生行业如果放在人类身上，就非常好理解：我们应该废除黑奴交易，不应该放任少部分人坚持他们的金钱利益。但是如果放在牲畜上来看，可能就不那么好理解。一般佛家弟子提倡从屠刀下面把这个生灵挽救出来，那您会不会劝这个拿屠刀的人放下屠刀呢？

A 劝拿屠刀的人放下屠刀，这是非常不容易的事情。但是我们放生的过程当中，也发现了一些这样的事情，比如有些鱼贩，他慢慢地就改行了，他去开出租车，或者是去做一些其他的事情。这也不是我们去劝，我们每天去放生的时候，他也会思考：这些人、这么多人，为什么这么长时间要这样放生呢？这个到底有多大的意义呢？我现在做的这个工作跟他们做的事情是对立的，那我这个工作应不应该继续做呢？他可能以前从来没有去思考过这些问题，后来他可能进行了思维，并得到了一个结论：我这样下去可能不太好，我的生存至少还是不要给这些生命带来极大的威胁。凡事有因果，没有因果就是另外一回事，但是不管怎样，它们也是有情感的、有痛苦快乐感受的活生生的生命，我把成千上万的生命变成金钱，然后维持我的生活，这样是不对的。他想通了以后就主动改行，做一些其他事情，这样的情况也是有的。

H 也就是通过我们的一些放生行为，影响一些通过杀生来获取利益的人，让他们变得更加善良。

2

Q 堪布您好！现在在全国各地都有捕捞放生物命的现象。一部分人认为，因为有放生才会有捕捞，所以不应放生，捕捞的过失也应归于放生者，甚至引用“没有买卖就没有杀害”的说法。对此您怎么看？

A 刚才你说的现象确实存在，很多地方捕捞放生物的现象非常严重。为什么有放生的地方就有捕捞呢？就是因为放生的人没有考虑到怎么样避免被捕捞，他们把放生物命买了以后，很简单地放下去了。但其实这是有办法避免的，比如说放到比较安全的地方，然后分散放。放完了以后，在短期之内有人看、有人守，这样的话，它们也找到了自己的地方，就不容易被捕捞了。捕捞往往是因为没有考虑好，就把生物集中地放在一个地方了。所以我们放生的时候，可以从一个捕捞者的角度思考，扮演一个这样的角色。我们曾经买了捉这些放生泥鳅的地笼，然后捞了 24 小时，就只捞了还不到一斤，这样下回就没人去捕捞了，这完全是可以做到的。

但是我们的放生方法很简单，原因就是为了放生而放生，就是不想走很远的路。有很多人觉得没有那么多的时间，还有很多人觉得，反正放了以后我就有功德了，至于捞和不捞，这是其他人的事情。我想，极个别的放生人可能也有这样的心态，所以就导致了捕捞放生物的现象。因为这个很赚钱呀，集中在一个地方，不需要费什么时间，很快就捕捞了大量的鱼类或者其他动物，然后又把它们卖到市场，一天当中很快就可以赚一两万。有这样的事情，就肯定会有人捞了。所以要放生的话，必须要考虑好这个。

刚才你的问题的焦点是，比如说我放了，但被其他人捞了，那么其他人捞的这个罪过，最终是不是要算到我头上？这个肯定不是，这是两回事，两个人完全不相干。但是我们也不能说因为他捞，我放，我有我的功德，他有他的罪过，他的罪过跟我没关系。抱着这种心态去随便放，那肯定也是不对的。我们放生的目的不是为了有功德，而是为了这些动物，给它们生命，让它们安全地生存。有没有功德和罪过，这是另外一回事情。

放生的人，首先要做的事情是思考：我到什么地方去买？到什么地方去放？放了以后有没有捕捞的人？如果没有捕捞的人，有没有其他的天敌？有没有其他的原因会导致它们死亡（快速地死亡，短期之内死亡）等。从佛教的角度来讲，不如法的放生或者不科学的放生，才导致了捕捞的现象。如果等了 24 小时才捕捞一两斤鱼，那谁会为了一两斤鱼，投入那么长的时间？这个谁都不愿意的。所以这些事情不是没有办法解决，而是我们没有想如何去解决，最终还是佛教徒自身的问题。所以我们以后放生，放生的人必须首先考虑这些问题。

H **围绕科学放生来讲，就是我们要把物命放在一个相对安全的环境。**

A 对，相对安全。

H **不是“没有买卖就没有杀害”，是“如果科学放生就没有杀害”。**

3

Q **堪布您好，现在很多市场因为放生，已经滋生出了放生一条龙产业链，有专门提供放生物命的店铺，又有专门提供运输的系统。更有很多地方，实际上现在很多人都不吃泥鳅了，但因为泥鳅便宜，大家都去买泥鳅放生，因此滋生了泥鳅的养殖业，捕捞、买卖成为一条利益链。我们放生后，它们可能难以避免地又被捕杀了，那么是不是可以用刚才那句话“没有买卖就没有杀害”，对于这个问题，堪布您怎么看？**

A 这确实是一个非常重要的问题。首先放生的时候我们必须要考虑，我这个放生会不会导致其他人去养殖？或者如果是野生动物的话，会不会导致捕猎？还有就是其他方面的，你刚才讲的这一系列问题，又是另外一个必须要考虑的事情。比如说有些旅游胜地，尤其是一些佛教的圣地，都有这样的现象：在路边有鸟，还有鱼，他们叫游客去买，去放生。游客放了以后，他们会把这个鸟和鱼捕捞回来、捉回来，然后又卖给大家。这种情况我觉得不买是最好的，如果我们所有人都不买来放生的话，那他也就不会再去做这件事情。这种放生，对这些动物不但没有帮助，而且还会因为我们去放，导致它们有很多的委屈、折腾。因为这些动物反反复复地被放又被捉，这确实是一个非常痛苦的事情。

虽然你没有什么罪过（哪怕是放了以后会产生一些其他方面的负面问题，但因为你没有恶意、不是故意的，所以你没有罪过），但是有没有罪过这不是最重要的，我们主要应该考虑的是放生的核心思想，也就是利他。利他、慈悲、爱心，如果没有达到这些目标的话，有没有功德，有没有罪过，这都是次要的。我们首先要考虑的是能不能利益它们？有没有帮助到它们？这才是头等大事。所以像你刚才说的这种情况，我觉得最好不要买、不要放。

另外，比如说在某一个地方，泥鳅也好、鱼也好，假设我不买，这里本来就没有养殖这些，没有去捉这些动物的，但是正因为有我们放生，然后导致了一条龙的产业链，那这种放生我觉得最好也不要有了。这个放生是没有意义的，还不如把这个钱拿来做别的事情。还有一个情况，比如说我们买泥鳅，是不是就导致了泥鳅养殖行业的产生呢？其实现在还不是这样。泥鳅的养殖地，像东北、江苏，这些地方是大量地、大批地养殖泥鳅，他们的泥鳅都是出口到韩国的。一个比较大型的养殖户，一个星期之内都要提供六七十万斤的泥鳅。对他们来说，我们放生的人买得再多，也只是一个很小很小的客户，你买和不买，对他们来说根本就不会有什么影响，这些我们要分清楚、看清楚。如果真的是放生导致了这类物命养殖业的产生，那这种放生就是不对的。

H **所以说堪布给大家宽了宽心啊，不是因为我们放生才导致了这些链条的产生。其实我还有一个问题，如果我知道这些由于放生而产生的产业链，也看到这些人在买卖，这些动物都被集中关在一个笼子里而承受痛苦。但难道就因为我们知道它们被放生了之后会被抓回来，就要选择视而不见吗？就不应该去管这些动物吗？**

A 你是说在放生的过程当中？

H **我们看到了这些动物在承受痛苦，但是我们也知道，放了它们又会被抓回来。**

A 如果你确定它们要被抓回来的话，非常确定的话，那我觉得这个放生的意义确实不是很大。比如说你放下去了以后，几个小时内它有可能得到自由，但是几个小时以后又被抓回来了。另外，这样也给去抓它们的这些人提供了条件，这就不是很好。但是从佛教的角度来讲，放生还有另外一层意思：我们放生的时候，不仅仅是把它们放了，还给它们念经，念佛教里面讲的对它们最有帮助的这些佛经、佛号；还给它们喂一些甘露丸，佛教认为吃了这个，对它们以后很有帮助。从这个角度来讲，你念了佛经、念了佛号，然后给它们吃了甘露丸，这样放下去以后，即使它们最终被捞回来吃了或死了，还是与它们从来没有被放生过是不同的。

H 也就是说，不一定非得把它放到另外一个地方，才叫放生。我们可以在没有办法买生的时候用其他办法。

A 对，比如说你到了水产市场，那么多的鱼，你不可能全部买完，这个时候你心里很难受。那帮助它们最好的方法，就是给它们念佛教里面的一些咒语和佛号，比如说像观世音菩萨、释迦牟尼佛、阿弥陀佛等一些佛菩萨的名号；如果有时间的话，在它们听得到的地方，给它们念一些简单的佛经，比如像《心经》之类简短的佛经。这样即使没有救到它们的命，但是从另外一个角度来讲，对它们也是有帮助的，我们还是利益到了它们。在这种情况下只能这样，这也是一个很好的方法。

4

Q 您好堪布，我有一个问题。目前一些媒体和评论对于放生行为持批评态度，对于少数的放生问题进行广泛的报道，让大多数人认为，所有的放生都是破坏环境，是放死的行为。对于媒体的这些报道和大家的负面情绪，您怎么看？

A 从媒体的角度来讲，任何一个事情，用一个公平客观的态度去报道，这应该是媒体的工作和责任。关于媒体怎么样报道，我们也没有办法去要求什么。但是我们佛教徒自身有责任把事情做好，放生的团体也好，一个组织的行为也好，或者是个人的行为也好，不管以前的放生是什么样，以后的放生我们一定要如理如法，也就是我刚才讲的，符合科学、符合佛教的思想，要这样去放，不能为了放生而放生。

媒体的这些报道，其实也不是没有道理的。据我了解，七八年前有一个城市，这个城市中间有一条河，有一次来了一些外地的佛教徒，说他们就只有两三天的时间，在这两三天当中他们一定要放完多少钱的生命。然后他们在水产市场买了大量的鱼类和其他的生命，就在这个城市中间的河里面放，放了以后，立即就有人去捕捞，整整捕捞了五天，这是我亲眼看到的。后来这个事情有媒体报道了，媒体也没有夸张，报道的是事实。所以，我们佛教徒必须自己把放生做好。如果自己做得好，媒体可能不会，也没有必要去恶意炒作了。放生并不是什么不好的事情，他没有必要恶意地去炒作，我想他们也不会这样。我们佛教徒，尤其是放生的人，现在要做的是去学习，放生方法必须要符合科学，要请教这方面的专家，学到了以后再去放。

另外一个，放生的目的是什么？放生的目的就是为了减少这些物命对死亡的恐惧。如果我们不负责任地把它们放了，放完了以后又被其他人捞了，它们死亡的恐惧还是没有消除，这样实际上就失去了放生的意义。所以，我们所有的佛教徒，尤其是长期放生的人，对这方面必须要高度重视。这样的话，媒体也就不会恶意地去炒作了。如果看了媒体的一些报道后，就觉得所有的放生都是破坏环境，这可能只是个别人的想法。持这种观点的人，可能是没有经过思考，很简单地去想放生都是破坏环境，这样的人应该是少数。我想不会全部人都觉得，所有的放生都是破坏环境。主要是我们佛教徒自身在放生的过程中，要做得如理如法、符合科学，这样就会避免负面报道的发生。

5

Q 堪布您好。近期我也看到一些报道，有人放生几百只有“生态杀手”之称的巴西龟，结果引起争议被阻止。然后我国 2017 年 1 月 1 号就要实行新的《野生动物保护法》，里面有一条特别规定说，任何组织和个人将野生动物放生到野外环境，必须选择适合放生地野外生存的当地物种，不得干扰当地居民的正常生活、生产，要避免破坏当地的生态系统。如果因为随意放生野生动物，对他人的人身财产造成损害，或者是危害了这个生态系统的话，要依法承担法律责任。所以请问堪布，对马上要实施的法律，您怎么看？是不是意味着以后放生会越来越难？谢谢堪布。

A 在国外很多地方本来就是这样，我想放生不会越来越难，它会越来越规范。有一个这样的法律，在这个法律允许的框架之内放生，那么放生也应该是受到这个法律保护的，这也是一个好处。放生导致的问题对当地的居民也好，对其他的物种也好，对生态也好，给他们带来一些损失，这个在佛教里面本来就是不允许的。如果我们如法放生，按照佛教的要求去放生，那与法律是不冲突的。所以我想，正规的、如理如法的，或者我今天讲的科学放生，是不会有什么影响的。当然，像以前那样随便放，不考虑对生态的破坏，不考虑对环境的污染，又不考虑会不会对当地人的生活带来影响，这种放生本来就是不对的。这个法律的具体内容我不是很清楚，还没有看到，但是我觉得本来就是这样，我觉得放生不会越来越难，应该是越来越规范。

我们现在的这种放生方法，即使没有什么法律惩罚，本来也是不对的。如果这样放下去的话，最后听到“放生”这两个字，很多人就不高兴了。任何一个事情和任何一个制度，它的毁灭和结束，实际上就存在于它自己的运行过程当中。我们现在这样放生不规范，到时候即使没有什么法律，大家也会不高兴，就会没地方放，最后会变成这个样子。所以有一个这样的法律，放生就会逐渐走上一个比较合法、规范的轨道，我觉得这样很好。

H 好，感谢堪布的精彩解答。由于时间关系，我们这一期的《慧灯·问道》节目，马上就要告一段落了，更多的互动和问题，我们将在下期节目为大家解答。感谢各位观众的踊跃提问，也感谢堪布的精彩解答。

功德虽好　发心为重

——《慧灯·问道》“放生篇”第 5 期

H　观众朋友们好，欢迎再次来到《慧灯·问道》节目当中。上期节目中，慈诚罗珠堪布为大家解答了关于放生的一系列问题，由于大家对放生的问题还是保持一个热烈持续的关注，那么这期节目我们继续就放生的话题，请堪布为大家答疑解惑。看看哪位观众？来。

1

Q　堪布您好！有人认为到现场放生才叫放生，如果没有时间到现场，而是通过汇款请朋友帮忙放生，这样是没有功德的，这种观点对吗？

A　这样放生有功德。无论以什么样的形式参与放生，都是有功德的。但是任何一个善事，都不如自己亲手去做。亲手去做，功德是不一样的。罪过也是这样，我让他去做一个不好的事情，但是我没有亲自去做，这个罪过稍微要轻一点；但是我亲自去做的话，这个罪业是很深重的。同样，做好事的时候也是如此，我有这个心，出物力，而且我还亲自去参与，这样的话意义就更大了。如果你没有时间、没办法亲自去参与放生，但是你不仅出钱，而且心里很高兴，佛教讲这叫随喜。随喜也是有功德的，但是功德有不同的层次，自己亲自参与最好了。

2

Q 您好堪布！ 我们知道，我们在放生的时候可以有一些功德，可是我们各自的条件不同，可能有一些人可以出很多钱，有一些人可以出很多力，也有可能很多人不具备这么好的条件，只是参与一下就已经很吃力了。在这种时候，以不同方式去参与放生的人，大家的功德会有什么样的区别呢？

A 功德是没有什么区别的。这个在佛经里面有非常明确的记载。我们同心协力去完成一件事情，比如说，我们商量后决定去做一件有罪过的事情，这样大家的罪过都是一样的，每个人都是一样的。如果我们同心协力去做一件好事，这样不管是出钱也好、出力也好，或者是其他的参与，只要有这个心去做这件事，人力、物力，各方面都有投入，那么功德都是一样的。比如说十个人去放生，放十条生命，那参与放生的每一个人都有放十条生命的功德，并不是说放十条生命的功德大家来分，而是每一个人都有放十条生命的功德。同样的，十个人商量，最后决定去做一件坏事，那么这个坏事的果报所有人都是同等的。这个也不是分配，每一个人都有一个完整的罪过，善恶都是一样的。所以不管是出钱还是出力，或者是以其他的方式来参与，从功德上来讲都是一样的，没什么区别。

3

Q 师父您好！现在也有人认为，放生其实就走个形式，出个五元十元的就可以了，没必要出太多钱，有个善意就可以了。关于这种看法，请问您怎么看？

H 这可能也就是功德的大小问题了吧？

A 对，功德的大小问题。出五元跟出五十元，这个意义当然是不一样了。比如说五元可能只能买一条两条鱼，五十元的话那就可能买更多一点，钱越多，能够救的生命就越多了。所以从这个角度来讲，这个意义是有差别的。但是从另外一个角度来讲，如果你出的钱稍微多一点，有可能你心里会发生一些负面的想法，比如说内疚、后悔、我不应该出那么多的钱等。这样的话，你还是表示一下就可以了，不一定要出太多的钱，十块钱、五块钱、一块钱都可以的。这有没有差别呢？当然有差别，如果钱多了，可以救更多的生命。

如果说放生是形式，这个不一定。放生是不是形式，还是要看自己怎么做了。我们实实在在地把一个面临死亡的生命（不管它是人或者是动物）救下来，然后让它回归大自然，给它第二条生命，这样当然不是形式了，这是一个很有意义的事情。

H 可能这就要看你的目的是什么了。如果你的目的是积累自己的功德，或者只是流于形式，那可能这样就没什么意义；如果你的目的是挽救一条生命，让更多的生命能够有第二次生存的机会的话，那就不一样了。

A 对，如果只考虑自己的功德，比如说他出一块钱跟出十块钱，还是有点不一样。

4

Q 堪布好！我有两个问题请教堪布。第一个也是功德大小的问题，是这样的：我很喜欢放生，但是我不喜欢跟团队一起去放生，觉得不随缘，我喜欢自己到市场里边去，看哪些鱼快被宰杀了，然后我买了它们，再去放生。有的师兄就说，这样的功德不如大家一起放生的功德大，一起放生是共修，请堪布开示。

A 这两个应该没有太大的区别，功德的大和小，最关键就是要看你自己的发心。比如说，我们就是为了自己的健康，为了自己的某一种利益去放生，那么参与的人再多，这个功德也没有那么大。如果我们完全是站在利他的角度去放生，没有考虑自己有多大的功德，这样的话，即使一个人放生，这个功德也是非常大的。所以功德的大和小，是取决于你自己的发心，并不是参与的人多或少的问题。

当然，在目标同等的情况下，比如说我们很多人去买生，然后大家一起去放，这个跟一个人去放就有一点点不一样。大家一起去做的话，这个功德就稍微要大一点。不仅仅是放生，其他任何一个善行都是一样。另外，在我们的发心、目标是同等的情况下，放一条鱼和放十条鱼，这个功德也不一样。但是如果你不太喜欢和其他人一起放生的话，自己放也可以的。比如说你自己去买、自己去放，整个过程都是亲自去做，那么哪怕只放了一条鱼、两条鱼，一个生命、两个生命，只要你的发心很好，完全是站在利他的这个角度去做的话，这个功德已经很大了。并不是我们求功德就有功德，不求就没有功德，不是这样。善有善报，恶有恶报，它完全是一个自然规律，这跟求和不求是没有什么关系的，它是一个自然规律。你虽然不求这个功德，但还是会有很大的功德。

Q 明白了，谢谢堪布。我的第二个问题是，我去市场，看到一些马上要被宰杀的鱼，很想把它们放生，可是我又没有实力去买一些专业设备，比如潜水服啊，或者是探测鱼的这些仪器。请问堪布，我该怎么样做好呢？

A 小型的、规模不大的放生就不需要这些装备了。长期放生，

规模稍微大一点的话，那就需要这些。比如说长期放生，有些人就专门到国外去学习潜水，专门购买了装备，然后去探测，长期放的话这是有必要的。但如果是少量地放，就不需要这些了。你自己选一个相对安全的环境，然后买了运到那个地方，整个过程你自己去完成，这样就可以了。

H 这也是一个人放生跟一个团队一起放生的区别。一个人能力是小的，但是跟一个团队的话，可能这个团队会提供放生前期的准备，还有护生的这些装备，可以更好地保证这些生命的安全，就可能做得更好一点。

A 对。

H 但还是要看你的发心。

A 对。

H 我可不可以这么理解，如果发心是求自己的功德，可能看的目光稍微短了一点儿，因为你只考虑到自己；如果你考虑的是长远地利他，考虑别人的生命得到挽救，可能你的功德会更大一点儿?

A 对，是这样的。在整个过程当中，发心对功德起到最决定性的作用。不管是一个团队还是个人，都是这样。最终你的功德大小，还是要看你的发心，看你站在什么角度去做这个事情。所以团队也好、个人也好，起到最关键作用的不是人多和少，而是你放生的目的和发心。

Q 堪布您好。我想请问您，放生鱼虫算放生吗？从数量上看，鱼虫可以一次性放很多很多。

H 如果按放生的数量来讲的话，可能这是一个很庞大的数字了。

A 对。首先，放生这两个字的意思，就是把生命放到安全的地方，这叫作放生。你买了鱼虫以后，要放到什么地方？如果放到河里面，它本来就是给鱼吃的，那自然就喂给鱼了，对吧？那喂鱼了，这个就不叫放生了。如果你找到一个安全的地方，鱼虫不会被鱼或者鸟吃的地方，它也可以生存下去，这样的话那可以放。很多时候我们不要去求数量——当然，如果我们能够放同等生命的情况下，数量是不是根本就不在乎？也不是，数量当然越多越好了。但是有些时候，有些人就是专门为了达到某个数量去买，比如说买一些像螺蛳、田螺呀，还有鱼虫啊，几块钱就可以买很多了，那就不好说了。那鱼虫可不可以放呢，当然是可以放了，但它本来也就是喂鱼的，如果放到河里面给鱼吃了，我觉得这个放跟不放就是一样的。

H 其实还是看发心，如果是为了挽救生命，你肯定不会把一个鱼虫放在一个很容易被鱼吃的地方，会选择一个比较安全的地方。

A 对。

H **但你选择了这个物种，它非常脆弱，非常容易被鱼吃，这个可能就比较困难。**

A 对，有点难。

Q **还有母鱼肚子里的鱼子，它们有生命吗？如果我们放生母鱼，就是有鱼子的母鱼，功德是不是就更大？**

A 是的。

Q **像您说的，我们平时在选择物命的时候，都有自己的判断方式：有些人会觉得鱼苗的存活率太低了，我就不去买它；有些人会觉得大鱼的价格很贵，我以同样的价钱买更多数量的小鱼，那功德就更大。您刚才也说了，我们放生的时候发心最重要，如果在利他的发心基础上，在生命的体积、数量和存活率的选择上，我们应该怎样去做判断？**

A 关于数量和体积的选择，有点不好说，这个有因果关系。佛经里面讲了，我们杀死一个体积很小的动物和杀死一个体积比较大的动物，这个罪过是不一样的。比如说杀死一条鱼虫和杀死一头牛，那么杀一头牛的罪过更大，因为它体积大。为什么体积大罪过就大？因为它死的时候要经受很多痛苦。很小的这个生命，它并不是没有痛苦，只是相比之下痛苦稍微小一点。所以杀掉一个体积大的动物，这个罪过大。那么自然地，我们把体积大的动物救下来以后，就是给它消除了一个大的痛苦，所以这个功德很大。但从数量上看，救小动

物的话，功德也很大。这两个到底哪个好呢？我也说不清楚，大家还是自己决定吧，我觉得都有意义。

还有一个，真正的放生，是在屠刀之下救出来的才叫作放生。所以我们要考虑，不管是鱼也好，鸟也好，如果要放生，就在屠宰场，就在屠刀下面救，这才叫作真正的放生。鱼苗它现在还不在屠刀下面，虽然以后它也会面临这样的问题，但至少目前还没有。这样的话，我想我们真正的放生，就在屠宰场、菜市场里面，把待宰的这些生命救下来，这个叫作真正的放生。

6

Q 堪布好。现在很多人都会选择一个吉祥的日子来放生，比如说佛菩萨的圣诞之类的，那么我就在想，慈悲心的大小和日子有什么关系呢？

A 这个我们可以从两个角度去思考。比如说，我们放生主要是救这些生命，完全是一个利他的行为，从这个角度来说，跟这些日子没有任何的关系，随时随地都可以放生，而且随时随地放生是非常完美的放生。因为确定了时间、地点的话，鱼贩就有可能会在里面做一些手脚，所以随时随地放是最好的。

但是从另外一个角度看的话，比如说佛菩萨的圣诞，还有其他的时间，从功德的角度来讲，我们平时的放生跟这些特殊日子的放生，还是有一点点不一样。很多选择这个日子放生的人，可能多数都是考虑通过放生获得利益。这种人，对于时间就选得比较清楚了。一般人不会选什么时间，这个不需要选时间的。还有在佛教的一些节日里，我们最好的庆祝方法就是去放生，或者是去做一些慈善活动，就是做一些利他的事情来庆祝佛教的节日。这个是佛和菩萨最希望看到的，最欢喜的。包括我们自己，比如说过生日的时候，不是杀鸡杀鸭来吃，而是放生，以此来庆祝自己的生日，这样是更有意义的。所以这是两个不同的角度。

Q 那么堪布，就是说吉祥日放生的功德肯定是更大的，是吗？

A 从功德的角度来讲，是这样的。

Q 那这是为什么呢？

A 这里面有一些比较深的道理。人体跟外面的宇宙有一个密切的关系，比如说，日月在它的轨道上运行，看起来这就是一个天体的公转或者自转。但是它为什么是这样？再进一步地去了解的时候，就有一些深奥的道理。这个深奥的道理，跟我们的身体和时间都有关系。所以我们在有些时间当中行善，实际上跟大宇宙、小宇宙（我们人体的这个宇宙）都有关系。特殊的时候行善，他就做得更好一点，更完美一点，所以功德稍微大一点。佛教里面就是这样，比如说佛的圆寂日、释迦牟尼佛的成道日等，这一天佛成道了、涅槃了，本来就是一个特别殊胜的日子，因为它本身就很殊胜，所以在这个殊胜的日子里，你做任何事情，就变得和平时有点不一样，也有这样的原因。

Q 倡导在殊胜日放生，会不会让学佛的人生起一种积累福报的功利心？比如说，有的人在平常日子可能就不放生，但在殊胜日，他可能就放一万块钱的生命。

A 会的，他在殊胜的日子去放生、做善事，就是希望积累一些福报，这是没问题的，最终要看他这个福报是为了什么。如果是为了个人的健康、为了个人的生活，那这样实际上就是一种功利心。但是这个在人天佛教里面是允许有的，是一个正常的现象。因为人的层次就是这么高，其他的利他呀、成佛呀，他觉得这个离他很遥远，他暂时不能接受，他就需要自己的幸福生活，其他的暂时不需要。这样的人，我们不能强求。他们既然追求这一点，那么这个方法可以达到他的目标，这样也是可以的。

当然，如果站得比较高一点，从大乘佛教的角度来看，这个是不可以的。比如说你在殊胜的这一天去放生，为什么呢？因为想要有功德。为什么要有功德呢？因为希望多累积一些功德，然后把这个功德分享给所有人，希望以你我的这个功德，可以让所有人健康长寿、幸福。那这样的话，实际上你是代表所有人、代表所有的生命去放生，这是没有问题的。所以，可以还是不可以，最终还是要看你学佛的层次，另外一个还要看你自己的发心、目标。

7

Q 堪布您好，我有一个关于护生方面的问题。家里的米生了米虫，是否可以把米和虫子一起放到屋子外面？这样虽然没有直接杀死这个米虫，但是屋子外面的温度很低，这个虫子也会被冻死，这样有过失吗？然后怎么处理这些家里生的小虫呢？谢谢堪布。

A 米生虫的时候，你没有直接把它杀掉处理，已经是非常不错了。然后把它们放在温度比较低的地方，导致了死亡，这个你有没有罪过？肯定没有罪过。因为你不是故意的，所以没有罪过。但是我们尽可能地本着慈悲心，如果能够找到一个比较适合它们生存的环境，最好是把它们放在一个这样的环境当中。如果实在没有的话，那也是没有罪过的，至少你没有杀生。

8

Q 堪布您好。现在街上有很多的流浪猫、流浪狗，它们的生活都很悲惨，为了不让更多的流浪猫、流浪狗出生、受苦，人们给它们做节育手术。请问堪布，这种做法对吗？

A 这是一个非常具体的问题。佛经里面就讲过节育的罪过，它是有果报的。但是如果你出于为了它们好的心态，以这样的发心给它们节育的话，我想也许没有罪过。如果有的话也是很轻的，因为你不是为了自己，而是为了它们。从这个角度去做这件事情，应该是没有太大问题。

H **就是你的发心其实是善良的，这种情况下就没有什么，就是很浅的一个小果报。**

A 对。我猜是这样，还没有看到很明显的佛经证据。但是我通过其他的佛经思考方法，去推理应该是这样，应该没有太大问题。

H **为了避免它们的后代受苦而给它们节育，没有太大的问题。**

A 对。他是一个好的发心，以此去做这个事情，对他来说应该是没有太大问题。

9

Q **堪布您好。我们在日常生活中，有时可能会遇到一些不太好调和的状况，比如说逢年过节，亲戚朋友家里可能会杀鸡杀鱼之类的。这个时候我们希望把这个生命救下来，但是劝说可能达不到我们期望的效果，而我又非常想把它拯救下来。假如这时我把它偷偷带出来，再找机会放生，就可能有偷盗嫌疑，这样是否如法？**

A 从佛教的角度来讲，杀、盗、淫、妄四戒是所有戒律的根本，都是不可以的。但是，如果是为了其他人的利益，这个虽然是偷盗，但它是没有罪过的。这个偷盗在佛教里面是允许的，这个不算什么。不过你这个行为的后面，肯定是家庭的矛盾，可能就有很严重的事情要发生了，这个你要做好准备。

H **就是看你的发心和处理后续事情的能力，如果你觉得之后的事情很难处理，那可能要换一种方式。**

A 对。

H **如果你的发心是为了挽救生命，那么你所做的都可以被原谅。**

A 对。

10

Q 师父您好。放生是需要智慧的，如果观察周围的环境不太理想，放生也不太如法，但是又想去帮助众生，这时候可不可以先不去放生，转而去做一些护生的工作？比方说，助印像丰子恺大师的《护生画集》，或者是劝其他人吃素，这种方式可不可以？还有没有其他的护生事情可以做呢？

A 可以的。如果你周边没有一个比较适合放生的环境，在这样的情况下，当然就不去放生了，不去做是没有什么问题的。你不去做，没有功德，也没有罪过；但是如果你做了，没有做好，就不对。在没有办法的情况下，就是你刚才说的，我们没有办法直接去放生的话，那做一些护生方面的事情也是非常好的，也就等于间接放生了，所以这也是一个非常好的选择。

H **就是在实际条件不允许的情况下，可以选择其他的方式，间接地来完成这件事。**

A 对。

H **好的，由于时间关系，咱们今天的节目就告一段落了。感谢各位朋友的提问，也感谢堪布的精彩解答，我们更多的互动内容会在下期节目里为大家展现。谢谢大家！**

智慧地解救生命

——《慧灯·问道》“放生篇”第 6 期

H　各位观众朋友们大家好，欢迎收看这一期的《慧灯·问道》节目。在上一期节目里，慈诚罗珠堪布为我们解答和开示了关于放生的话题。那么这期节目，我们继续就放生的话题，请慈诚罗珠堪布为我们进行解答和开示。让我们掌声有请五明佛学院上师，慈诚罗珠堪布！

1

Q　堪布您好。我有两个问题。第一个问题是我们在放生的时候，通常会遇到快死的小动物，有的师兄就说，不应该浪费钱去买这些快死的小动物放生，应该买一些健康的小动物，救助这些健康的小动物。请问堪布，这样如法吗？

A　选择健康的小动物，你把它救下来了以后，它活的时间就可以长一点，这个当然是很好的。但是也不能说，因为快死的动物不健康就不救，我觉得这个理由也不成立。为什么呢？我们设身处地想，假如我自己面临了这样的问题，我会选择自己病死，还是被杀？这种时候，没有人会说反正我要死了，那就怎么宰杀都可以，怎么样都无所谓，没有人会这么说。我们还是会选择病死，让自己自然地死亡，不会选择被宰杀。因为自然死亡的痛苦跟被宰杀的痛苦不一样，动物对死亡的恐惧也不一样。虽然很多动物不像人，它们发现的时间不像人那么早，但是接近死亡的时候，它们也会发现情况不妙，非常恐慌。这时候，我们把生病的小鸟救下来，把它放在一个相对来说比较安全的地方，让它慢慢地自然死亡。这样的话，对它来说还是有帮助的。

Q 好的，谢谢堪布。我的第二个问题里面还会有两个小问题。在放生的时候，比如说我去鱼市场，看到有的鱼快死了，但是如果我不买它的话，它马上就会被宰杀掉。那有两种情况，一种是我买了它，但在放生的过程当中，它就死掉了。我就想请教堪布，您刚才说到因果，这种情况下我会不会承担加速它死亡的因果？

A 不会。不是因为你买下来了，它就死了，这本来就是它生病快要死了。它快要死的时候，哪怕只剩下一分钟或者五分钟的生命，你要是把它从屠刀下面救下来，也是一种放生。你救下它以后，它不能继续生存，那是它自己的身体原因，跟放生的人是没有关系的。我想，在健康的和不健康的两个当中，如果只能救一个的话，那选择健康的也说得过去。但是并不是说只放健康的，不放不健康的，也不是这样。不健康的放了以后，即使它没有生存多久，但是也有放生的功德，也算是放生，也应该是要救的。

Q 第二个小问题就是，如果我没有买它，那我可不可以念佛号或者是默念？有没有什么方式可以让它得到帮助？

A 有，很多时候我们都非常无奈，比如说你到这个鱼市场去买生命放生，你不可能把整个市场上的生命都买完，这里面有各种各样的物种，不可能全部买下来。或者是在一个鱼池里买鱼，池子里面的鱼也不一定买得完，你只能买一部分，那剩下的怎么办？这个时候，很多人内心当中也是很难受的。这个时候我们帮助它的方法，就是给它念佛号，给它念一些咒语、佛经，这样对它还是有帮助的。

Q 那念多长时间？

A 多长时间都可以的。

2

Q 堪布好。我遇到一些放生的团体，他们为了吸引更多的人来参与放生，就把放生选在一些山清水秀、风景秀丽的地方，也确实是有很多朋友因此参加到放生的行动中去了。请问，像这种形式的组织者和参与者，他们这么做如法吗？谢谢您。

A 首先要看他为什么要召集这么多的人，为什么想吸引这么多的人。如果他觉得更多的人参与，可以让更多的人得到放生的功德，以这样的心态发心，那是可以的，应该没有什么问题。如果是其他的目的，那就不好说了。

Q **谢谢您。**

H 就是要看组织者的发心。如果选在山清水秀的地方，是为了让更多的人参与到放生的行为当中，这是好的；但如果是为了在其中谋取利益，这个行为可能就不太可取。

3

Q **师父您好。在放生的过程中，我对有些放生的环境产生了质疑。因为适合放生的环境越来越少了，我们好不容易发现一个适合放生的环境，比如找到一个水库，觉得这儿比较大，适合那些水产物生存，但是我们发现，因为资源的缺乏，在这块水域放生的团队越来越多，可能每一天都有不同的放生群体在这里放生。对此我就会有困惑：这个水库的湖面就这么大，本来一片湖就只能容得下一定数量的生物生存，但是每天放，放得越来越多，那这样会不会破坏掉生态平衡呢？所以，第一，我们在没有其他合适地方的情况下，是不是还必须在这里继续放下去？第二，在这个水库放生，放得越来越多的话，可能原来在这块水域生存的动物，会因为外来物种越来越多，慢慢丧失一些食物资源，然后就**

会死掉，或者是因为放了外来物种就死掉，那么对我们来说有没有过失？

A 会的，这两个都会的。现在确实是有这个问题，北方比较适合放生的环境相对来说少一些。再一个就是，放生的团队越来越多了，就像你刚才讲的一样，很多寺庙有放生池，但这个池子不大，有很多人往这个池子里放生，而且放各种各样的物种，这个池子没办法容纳那么多的生命，最后放生池也没办法用，有这样的问题。水库的话，可能大型的水库稍微好一点，但是也有这个问题。我们还是要看情况，如果实在是不适合放生的话，那就不放了。我们换一种方式，比如说护生啊，或者是帮助流浪猫狗，还有流浪汉等，有很多其他的方法去帮助众生。

还有一个，比如说本来这里面就有很多的小鱼，你把巴西龟或者鲢鱼放下去了以后，它们一定会把很多物种吃掉、消灭掉，这个有没有过失呢？过失应该不是很大，因为不是故意的。但是不能因为没有过失，我就可以这样做，这是不可以的。因为我的放生导致了这么多的杀生，这个也是不对的。

我记得佛教里面有两个故事，这两个故事就充分地说明了这个问题。

曾经有一条河，这条河没有桥，然后就聚集了很多小船，这些小船专门接送过河的人。有一天，有个人发了一个很好的心，修了一座桥。修了桥以后，对过河的人来说是很方便了，不需要花钱了。但是开船的这些人因此都失业了，饿死了。这个就是行善的一个典型的负面例子，这是佛教里面讲的一个故事。

佛教里面还有一个故事。一个人的后院有一个池子，这个池子里面有很多很多小鱼。有一天，他买了一条大鱼想放生，就把这条大鱼放到这个池子里面去养。结果他放下去了以后，所有的小鱼都被这条大鱼吃掉了。虽然他想的是行善，但是最终的结果却导致了杀生，而且杀生的量远远超过了他放生的量。

佛教里面举这两个例子，就是说这样的善事是不可以做的，它即使是善事，也不可以做。所以佛教讲，行善必须要有智慧。不仅放生需要智慧，很多事情都必须要有智慧。没有智慧盲目行善，从表面上看，或者是从自己的角度看，以为自己是一个善良的人，在做好事；但是从另外一个角度看的话，这个好事有可能就变成了坏事。这些都是做这件事情之前就必须要想好的。这个有没有过失呢？我想应该是没有，因为不是故意的，所以没有过失。虽然没有过失，但是这个善的行为给很多很多的生命带来了灾难，所以还是要谨慎。

H **就是虽然没有故意地造成这些伤害，但是这些伤害还是存在的，所以要尽量避免。还是围绕我们讲的科学放生这个观念：我们一定要在放生之前，做好护生的准备。如果条件真的不具备，附近没有条件适合的地方放生的话，我们可能要选择其他的方法来进行放生了。**

4

Q 堪布您好。是这样，比如遇上这种情况：放生结束以后，附近的一些村民或者其他人就来捕捞这些物命，有的师兄会比较生气，情绪比较激动，可能会在语言上跟他们发生一些冲突，说一些不好的话、吵架，更有甚者是恐吓对方。遇上这种情况，您说应该怎么处理？一个是对方捕捞的时候怎么处理？再一个就是真发生了冲突的时候，别的师兄怎么处理？

A 我们首先要把自身的工作做好，事先计划好怎么样去控制捕捞行为。一旦发生了以后，吵架、生气，作为一个佛教徒来说都是不对的。从这里面因和果的关系来看，因是善良的，但它导致的果却不理想，是嗔恨心。慈悲心导致了嗔恨心，其实这个是不对的。我们在放生之前把一些事情做好，这个还是可以避免的。比如说我们放生的时候，就到湖的中间去放，当然也要看这个湖的深度，有些鱼生存在一米以上，有些是五米以上，有些是五米以下的水域等，我们要请教这方面的专家。如果确定这个鱼可以在湖中间生存，那就在中间放，不要在边上放。在中间放的时候要分散开，不要集中在一个地方。比如说船开到中间的时候，边开船边放，船的速度稍微快一点，不要在一个地方放很大量，用小盆舀起来，放少一点，这样的话，你说的情况完全可以避免。

还有就是放下去了以后，在几个小时之内要有人看着，这样的话也可以避免这些问题。但是一旦有人捕捞，我们还

是要通过一个比较温柔的方法去劝他们，因为这毕竟是一个利他的好事。我们利益了动物，但是又害了这个人，我们也生气，他们也生气，最后结果就不是很好。所以我们要把自身的工作做好，一旦发生了这个情况，还是通过温和的方法去解决，实在是解决不了，那就是已经超越了我们的能力范围了，就只能这样。

H **就是说我们在前期放生的时候，一定要有智慧，把这些问题都想好，尽量不要让它们发生。如果真的发生了这些不可调和的矛盾，也不要激化矛盾，要用一个比较温柔的方式来对待。**

A 对，不要激化矛盾。

5

Q **师父您好。想请教您，如果家里人不听劝，买了一条活鱼进行宰杀，如果给这条鱼念放生仪轨有没有用？还有就是它能不能听得懂？**

A 在一个家庭里面，有一两个人是吃素的佛教徒，其他人是没有信仰的，他们要吃肉，很多时候在餐桌上就会产生一些矛盾。这个时候，我们可以自己坚持自己的原则，比如说，你是一个吃素的人，那你就坚持你的原则继续吃素。如果他们不愿意听你的劝告，那么就不要给他们讲了，我们相互都尊重、不干涉，这样比较好。

但是这个时候，面对被宰杀的鱼，最好就是给它念咒，我们只能做到这一点。这个是没办法救了，但还是有办法帮助到它。如果你有甘露丸就给它吃，有“过解脱”就在它的上面过，你还可以给它念佛号。这样虽然没有挽救到它的生命，但还是帮助到它了，最好的选择就是这样。它听不懂佛号，但是它听得见，这就可以了。

Q 还有一个小问题，如果给它念完放生仪轨以后，家里人还进行宰杀，这样的话，这个罪过会不会更严重？谢谢您。

A 不会的。比如说宰杀一条普通的鱼，跟宰杀放生的鱼相比，宰杀放生的鱼的罪过大一点。但是现在这个还不属于放生的鱼，这个鱼本来就是要被宰杀的，你只是给它念一个佛号而已。所以家里的人宰杀了，也就跟普通的鱼一样，是一样的罪过，不会增加。

6

Q 堪布好。我的问题是：师兄们一起随喜了一些钱，一起去买物命放生，如果在运输的过程中鱼贩子偷回一部分，那这样对于组织者来说会不会有过失呢？

A 组织者不会有过失，鱼贩有过失。

7

Q 堪布您好。我经常参加放生，在放生的过程中，有时候会造成少量的放生物死亡，这时候有人就会很生气，指责我们放生不如法。其实我们已经尽力做好保护措施了，可还是避免不了死亡。我想请问堪布，如果放生物死亡，放生者有过失吗？会承担相应的因果吗？

A 这个在我们的放生活动当中，可能是出现得比较多的问题了，而且也是舆论的一个焦点。因为我们的能力有限，不可能让每一个生命都活得好好的。动物在没有办法的情况下死了，比如说，我们在放生牛和羊的时候，它们被踩死了，这些没有什么过失。有没有什么罪过呢？没有什么罪过。这个不是故意的，更不是恶意的，没有什么罪过。但是我们一定要想办法，想尽一切方法把这个物命安全地送到目的地，让它们生存下来。比如说运输的过程当中，我们尽快到达目的地，让鱼不缺氧；鸟的话，不要让它被挤压、踩死等；还有牛和羊也是这样，我们尽可能把这些保护措施都做到位。存活率是我们唯一要思考的问题，这个就是放生的核心意义。

Q 您能再给我们讲讲应该如何科学地放生吗？

A 我觉得科学放生要注意很多方面。首先放生就是给它们第二次生命，让这些物命回到大自然，安全地生活。那么我们就要考虑，放完了以后它的生存问题。

首先要考虑它们的环境。比如说放鱼，那什么样的鱼适合什么样的水，包括水的深浅还有水的温度等；还要考虑一些小鱼有没有天敌，如果跟鲢鱼或者是巴西龟之类放在一起的话，那么它们也活不了，等等。同时考虑好，我们把这些物种放到某一个地方的话，会不会导致环境的污染，还有会不会导致生态平衡被破坏，这些是我们佛教徒必须要学习的。现在我们可以上网查，还可以去请教一些这方面的专家。放生是绝对不能盲目的，必须要讲究科学、环保、生态的平衡，这些是必须要达到的。如果我们的放生导致了环境的污染、生态平衡的破坏，一方面我们把这个物命救了，但是另外一方面又带来了很多负面的东西。这样的话，功德和罪过，最终也不清楚哪一个更大，所以环境方面非常重要。我觉得，有些地方我们还是要请教相关的专家比较好，网上也可以查，但是网上不一定很全面。

另外一个，放生会不会导致一些其他方面不好的事情。比如说，本来这个地方没有人去捕捞、没有人去抓，但是因为有了放生以后，就产生了捕捞、抓动物等行为。如果是这样的话，放生也就失去了它真正的意义。还有我们买生的时候，不管是买鱼也好，买鸟也好，我们怎么样去买，这个过程会不会又产生了一些其他的事情。比如说，因为我们不懂行情，会不会导致了一些其他的负面问题，这是一个方面。还有一个，这两年的媒体报道中可以看到，比如买蛇放在村庄的旁边，把老鼠放在村头等这样的事情，这确实是佛教徒的一种不太科学的放生方法。所以我想，我们佛教徒以后一定要科学放生。在放生的同时，就不能没有科学这两个字，这个真的是非常重要。科学放生的范围很广，要详细讲的话，内容就比较多了。

我想有三个方面是非常重要的。第一，不管我们放生的是鸟、鱼，还是其他动物，它们的安全，它们的生存、存活率是非常重要的；第二，就是放生对周围的影响，比如说对环境、对生态的影响必须要考虑好；第三，就是我们要考虑放生不能影响他人，比如说放蛇，放在不该放的地方就会影响到其他人。这三种情况，我觉得是我们在科学放生的过程当中必须要思考的。我也想给大家提供科学放生的具体方法，但是我们可能还要一些时间，到时候形成文字的东西给放生的人看。这样的话，我们的放生一方面可以达到我们佛教徒的放生目标，另外一个方面，我们也可以做到不破坏环境、对他人也不会产生一些不好的影响，这样放生就比较圆满。总之，科学放生非常重要。

H **其实堪布的意思是说，放生不是简简单单地把一个物命放归大自然，要考虑各种因素才能够做到科学放生。在放生的过程中，可能会造成个别物命的死亡，但是你的意愿是好的，不是故意造成这些物命死亡的，这些是可以被原谅的。**

那么说到科学放生，我这儿有几张图片，我想给大家看一下。

这是一个鱼类的放生，不知道是什么样的物种，可能看得不是很清楚。

A 泥鳅。

H 这是放生的一个现场画面，不知道大家注意到没有，这是在一个匀速行进的船上进行放生，有大量泥鳅被放生。大家用了很多小盆分散放，这是分批次地放生。而且在放生的时候，人的手离水面是很近的，这样就可以避免物命的恐慌和意外死亡的发生。为什么在匀速前进的船上放，而没有在岸边放呢？可能就是考虑到捕捞，防止有人会伺机集中捕捞。还有物命过于集中的话，可能会阻碍它们的生存，这里面有一系列的考量。

然后看下一张图片，专业的潜水人员配备很专业的潜水服。这是一个比较厚的、可以保温的潜水服，还有氧气瓶，这样可以使他们下潜到比较深的水域去观察。我们可以让这些专业的人员去看一看，这些鱼类，也就是我们放生物命的存活情况，到底它们有没有得到一个很好的生存环境。放生的过程分为放生和护生两个方面，这是护生的部分。

最后这张图是一个非常专业的勘探器具。可以显示水深、水温，还有鱼的分布情况。这样就能观测到我们所放生的这些鱼类有没有很好地存活，它们的密度到底是多少……的确，这些专业的人员、专业的器具，可以让我们切切实实地做到科学放生，这是一个很大的帮助。

A 对。

8

Q 堪布您好。听了您的讲解，我对科学放生有了更进一步的理解，但是因为自己智慧有限，在还不了解的情况下，之前也去参加过一些不科学的放生。比如说，没有勘察过环境是否适合这个物命生存，请问这样是否有很大的过失？应该要如何去补救呢？

A 从罪过的角度来讲，这些都是没有什么罪过的。因为你不是故意的，更不是恶意的，只是放生的时候该做的事情没有做得很到位，需要考虑的事情没有考虑得很周全而已。过去的都没关系，但是从今以后，我们真的是需要通过大家的努力，通过我们所有佛教徒的努力，让放生变成一个规范、科学又真正慈悲的活动。我们放生给社会大众的影响，就是一提到“放生”这两个字的时候，大家都能够很欢喜，很尊重，要把它变成一个这样的活动。如果因为我们佛教徒自身的放生方法不对，在社会的舆论、媒体的负面报道当中，我们把放生全部毁了，那我觉得，对这些弱势群体，对这些生命来说是一个很大的损失。

对我们大家来说，放生是一种文化，同样也是一种行善的方式。不管是从文化的角度来讲，还是从行善的角度来讲，如果在舆论当中让它失去了真正的意义，让它间断的话，那确实是非常可惜。这个责任不在媒体，不在其他人身上，就在我们佛教徒的身上。所以我们大家放生，既要放生，也一定要符合科学，还要符合佛教真正的放生精神，这很重要。

H 现在，人们对于放生可能有一些偏见，而这些偏见产生的原因，就是很多人都没有科学地放生，都没有得到科学放生的知识。如果这些知识更完备的话，可能再提到放生，大部分人都会支持这种行为，也会有更多的人加入到放生的行列当中去。所以，我们还是要提倡智慧、科学地放生。好，感谢堪布的精彩解答。